国家出版基金项目
NATIONAL PUBLICATION FOUNDATION

陕西出版资金资助项目

No.2

顾问 史根东 刘德天 李兵弟 臧英年

美丽地球·少年环保科普丛书

资源枯竭的焦虑

叶榄 孙君 主编

编者 丁娟 人与 马向于 王晨琛 龙海铮 刘振 阮俊华 杨建南 张漪 陆宏 陈飞 陈开锭 陈耀祥 尚耀庭 封宁 郭耕 崔志如 崔晟

资源用完了，让后人如何生活？

陕西出版传媒集团
陕西科学技术出版社

图书在版编目（CIP）数据

资源枯竭的焦虑 / 叶榄，孙君主编．—西安：陕西科学技术出版社，2013.12（2022.3 重印）
（美丽地球·少年环保科普丛书）
ISBN 978-7-5369-6021-3

Ⅰ．①资... Ⅱ．①叶... ②孙... Ⅲ．①自然资源保护—少年读物 Ⅳ．① X37-49

中国版本图书馆 CIP 数据核字（2013）第 276718 号

资源枯竭的焦虑

叶 榄 孙 君 主编

出版人　张会庆
策　划　朱壮涌
责任编辑　李　栋

出版者　陕西新华出版传媒集团　陕西科学技术出版社
西安市曲江新区登高路 1388 号陕西新华出版传媒产业大厦 B 座
电话（029）81205187　传真（029）81205155　邮编 710061
http://www.snstp.com
发行者　陕西新华出版传媒集团　陕西科学技术出版社
电话（029）81205180 81206809
印　刷　三河市嵩川印刷有限公司
规　格　720mm×1000mm　16 开本
印　张　9
字　数　118 千字
版　次　2013 年 12 月第 1 版
2022 年 3 月第 3 次印刷
书　号　ISBN 978-7-5369-6021-3
定　价　32.00 元

序　言

地球上的化石能源是有限的
而人们的需求
却是无限的
如何让地球上有限的能源
满足人类无限的生活需要
除了节省资源
还有别的方法吗
寻找环保新能源
这将是人类未来的重要使命
节约现有能源
是我们现在每个人
都应该履行的责任与义务

环保专家的肺腑之言

叶 榄 中国环保最高奖"地球奖"获得者，中华慈善奖获得者，中国十大杰出青年志愿者，中国十大当代徐霞客，"墨子绿色与和平奖"、"林则徐禁烟奖"发起人。

人与自然的和谐是绿色，人与人的和谐是和平！

孙 君 中国三农人物，中华慈善奖获得者，生态画家，北京"绿十字"发起人，绿色中国年度人物，"英雄梦 新县梦"规划设计公益行总指挥。

外修生态，内修人文，传承优秀农耕文明。

阮俊华 中国环保最高奖"地球奖"获得者，中国十大民间环保优秀人物，浙江大学管理学院党委副书记。

保护环境是每个人的责任与义务！让更多人一起来环保！

封 宁 中国环境保护特别贡献奖获得者，"绿色联合"创始人，中国再生纸倡导第一人。

保护森林，保护绿色，保护地球。

史根东 联合国教科文组织中国可持续发展教育项目执行主任，教育家。

持续发展、循环使用，是人类文明延续的根本。

杨建南 中国环保建议第一人。

注重于环境的改变，努力把一切不可能改变为可能。

聆听环保天使的心声

王晨琛 “绿色旅游与无烟中国行”发起人，清华大学教师，被评为“全国青年培训师二十强”。

自地球拥有人类，环保就应该开始并无终止。

张 涓 中国第一环保歌手，中华全国青年联合会委员，全国保护母亲河行动形象大使。

用真挚的爱心、热情的行动来保护我们的母亲河！

郭 耕 中国环保最高奖“地球奖”获得者，动物保护活动家，北京麋鹿苑博物馆副馆长。

何谓保护？保护的关键，不是把动物关起来，而是把自己管起来。

臧英年 国际控烟活动家，首届“林则徐禁烟奖”获得者。

中国人口世界第一，不能让烟民数量也世界第一。

崔志如 中国上市公司环境责任调查组委会秘书长，CSR专家，青年导师。

保护环境是每个人的责任与义务！

陈开碇 中原第一双零楼创建者，中国青年丰田环保奖获得者，清洁再生能源专家。

好的环境才能造就幸福人生。

第 1 章 地球上的资源

第 2 章 工业黑金——煤

第 3 章 工业的血液——石油

第 4 章 记录时间的气体——天然气

第 5 章 油页岩和可燃冰

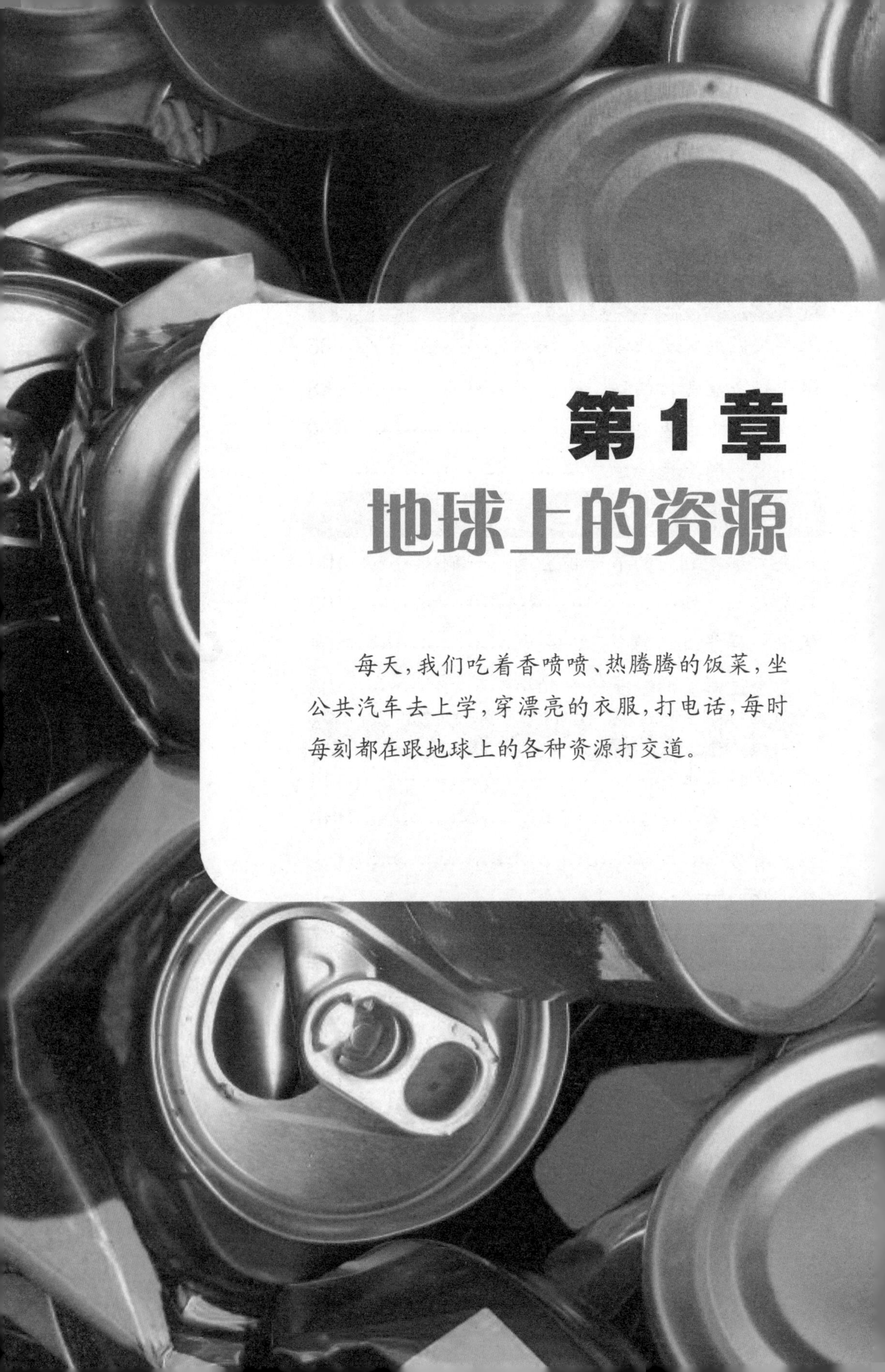

第1章 地球上的资源

每天，我们吃着香喷喷、热腾腾的饭菜，坐公共汽车去上学，穿漂亮的衣服，打电话，每时每刻都在跟地球上的各种资源打交道。

记录下你身边所能用到的资源

课题目标

发挥观察才能，把你身边见到的资源记录下来，并身体力行实施你的环保小建议。

要完成这个课题，你必须：

1.和家长、老师或者好朋友一起合作。

2.需要了解资源的性质特征。

3.把你日常生活中所用到的资源记录下来。

4.把记录下来的资源展览出来并和同学们讨论。

课题准备

与你的好朋友一起了解生活中所用到的资源。可以向老师咨询资源的相关环保数据。

检查进度

在学习本章内容的同时完成这个课题。为了按时完成课题，你可以参考以下步骤来实施你的观察计划。

1.了解地球上所有的资源。

2.了解这些资源所蕴藏的数量。

3.把你在生活中用过的资源记下来。

4.展示给同学和老师看一看。

总结

本章结束时，可以和你的侦探团成员一起向父母、老师展示你的环保成果。

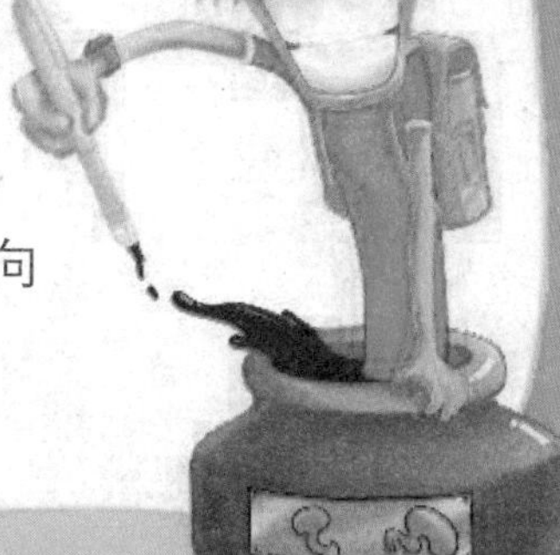

宝贵的地球资源

延伸阅读

现在，人类对地球上各种资源的依赖程度达到了前所未有的高度，各种能源资源已经成了人类社会发展的物质基础，在各个国家的国民经济中占有非常重要的战略地位。第二次世界大战前，德国入侵了捷克斯洛伐克，得到了大量的优质钢铁、煤、锰、铝、锌、铜等资源，还有世界第二大的兵工厂，为德国后来发动全面战争提供了重要的物资基础，从而引发了第二次世界大战。

什么是资源？资源就是一切可被人类开发和利用的客观存在，比如土地资源、矿产资源、森林资源、海洋资源、石油资源等。

地球上的资源非常宝贵，它是城市的血液，没有这些资源，城市就不能运作。随着科技的发展，城市现代化的进程加深，人类对资源的依赖更强了。

人类出现在地球上已经有 400 万年的历史了，从开始直立行走、学会使用火，到慢慢地学会冶炼金属、开采矿藏到工业革命，直到现在的各种科学技术的发明，人类文明已经达到了一个非常高的高度，同时，人类与各种能源和资源的联系也越来越紧密。

古代的人们非常重视资源的重要性。在金庸先生的小说《越女剑》中，有这样的描写：吴国

> 围绕资源爆发的最有名的战争是海湾战争。1990 年 8 月 1 日，伊拉克和科威特围绕石油问题的谈判破裂，第二天，伊拉克出动军队占领了科威特全境。1991 年 1 月 17 日，以美国为首的多国部队轰炸伊拉克，海湾战争爆发。

的士兵剑术非常高超，他们的兵器也比越国的兵器锋利，在比剑的过程中，往往出现吴国剑士把越国剑士的兵器削断的场面。吴越第一次争霸，吴国打败了越国，就派军队把守住出产锡矿石的矿山，不让越国人得到。那时的青铜，是铜和锡的合金，如果没有锡，越国人就不能生产锋利的宝剑，在战场上，没有精良武器的越国人自然不是吴国人的对手。

地球资源类型

地球是人类的家园,没有地球,人类就不会存在。即便是在人类进化出来之后,地球仍然在源源不断地给人类提供着生活和发展所需要的一切,这就是地球资源。

地球资源可以分为可再生资源和非可再生资源两种类型。

可再生资源是指在社会生产、流通、消费过程中使用过的资源,这些资源可以通过加工,再次得到利用。这类资源有些本身具有自我更新的能力,可以直接被再次利用,也可以被持续利用。例如:太阳能、水能、潮汐能、风能、生物能、核能等,大部分情况下,这些能源可以看作是取之不尽、用之不竭的。

虽然可再生能源具有自我更新、再次被利用的特性,而且也是更新性资源,但是如果人为地对这些资源过度开发,破坏了它们的再生机制,或者是铲除了它们复原的环境,它们也会枯竭,转变成不可再生资源。

不可再生资源是指那些被利用后,很长一段时间之内都不可以重新利用的资源。主要是指自然界的各种矿物、岩石和化石燃料,例如泥炭、煤、石油、天然气、金属矿产、非金属矿产等。

不可再生资源的形成非常缓慢，它们是在漫长的地质时期演化而成的。只有在一定的阶段、特殊的条件下，经历漫长的地质时期才能形成，与整个人类社会的发展相比，其形成非常缓慢，再生的速度非常慢。

不可再生资源虽然大部分是不可再生的，但也有一些是可以重复利用的，比如各种金属，如金、银、铜、铁、铅、锌等；另外一些是不可以重复利用的，比如各种化石能源，如煤、石油、天然气等。

地球饥饿了

从人类出生的那一天起，地球母亲就默默地在为我们奉献着各种自然资源，处于原始社会的时候，地球母亲为原始的人类提供了各种食物与住宿的山洞；现在，地球母亲提供给我们城市运转所需要的一切资源：发电用的煤炭、驱动各种交通工具的石油、建造各种工具的金属，等等。

但是人类对地球母亲过多的索取使各种资源面临着枯竭的威胁。资源的枯竭、能源危机反过来又会影响人类的生存。如果没有地球母亲提供给我们的各种能源和资源，人类生存将是一个非常艰难的问题。

随着人口的膨胀和经济的发展，人类和地球之间的矛盾越来越严重。首先是三大能源物质的有限性。现在的世界经济非常依赖煤、石油、天然气这三大能源物质，而且这些需求不断上升，但是供应已经渐渐枯竭了。

除了能源，还有一些其他资源如各种矿石资源，对人类也非常重要，但它们同样也面临着枯竭的境地。人类对矿藏进行更多的钻探，并寻找更

多蕴藏资源的地区,使地球上不少地区的资源已消耗殆尽。

其他有关资源引起的问题还包括:过度或者非必要性地浪费资源,资源分布不均,环境污染,等等。地球已经不是以前的地球了,而是需要我们真心呵护的衰弱母亲。

过剩的人口给地球带来了很大压力。全球现在的人口总数有 68 亿,每一天,全球都会有 20 万的新生命出生,我们每呼吸一次,平均会有 5 个孩子出生,这么多人,每天要消耗大量的资源,地球已经不堪重负了。

寻找新的“粮食”

延伸阅读

新“粮食”包括太阳能、生物质能、水能、风能、地热能、波浪能、洋流能和潮汐能，以及海洋表面与深层之间的热循环等。此外，还有氢能、沼气、酒精、甲醇等。

石油等资源越来越少，不久的将来，如果没有了石油，那汽车该怎么奔驰，飞机又该怎么飞行呢？所以，寻找可以替代石油的“新能源”，成为全人类空前关注的共同课题。甚至还有科学家打起了月球的主意。在当下，究竟什么才是对人类社会未来具有实质意义的“新能源”呢？

我们知道，寻找石油的替代品并不容易，最关键的有两点。第一，石油既可作为燃料，又可作为石油化工原料，对我们的吃、穿、住、行等各方面影响很大，这在一定程度上增加了寻找石油替代能源的难度。第二，目前可以确认

的“新能源”或多或少存在着“量”或“价”的问题。相对于常规能源，这些新能源不是总量太小，就是要靠天吃饭，能源采集受到严格的气候条件的约束（比如风能、太阳能）；不是成本过高，就是至今未能实现规模生产、规模利用（比如氢能）。而目前这些新能源只能起到一个补充的作用，尚难达到规模化有效替代。

结合中国的现实条件，一条分阶段实施的新能源路径已基本确立：首先，中国未来能源的发展方向应当是清洁、高效、多元、可持续的。其次，中国要打一套分层次、分阶段施展的新能源“组合拳”。从近期来说，开发各种煤基燃料，走以煤替油的道路，辅以天然气、第二代生物燃料（用一些非粮生物废弃物制作燃料，比如秸秆、油藻等）的开发是最为现实可行的选择。2020年前后，风能、太阳能、水能有望形成比较成熟的产业链和规模化应用。到2050年以后，核能、天然气水合物、空间太阳能发电和氢能将可能成为更尖端的替代能源。

知识的复习与拓展

本章介绍了地球上资源的种类与目前因人们过多使用而造成资源缺乏的现状。阅读了本章知识，你应该对存在于地球上的资源有了大致的了解。古往今来，有很多无谓的战争都是因为争夺资源发生的，不仅造成了人员的伤亡，同时也对环境造成了巨大的污染。我们一定要谨记教训，懂得地球资源不是某些人私有的，而是人类共有的，要珍惜它、爱护它，使资源能合理地利用下去。请回答下面三个问题：

1. 寻找石油替代品最关键的有哪两点？

2. 可再生资源有哪些？

3. 不可再生资源有哪些？

矿产还能用多少年？

人类目前使用的95%以上的能源、80%以上的工业原材料和70%以上的农业生产资料都来自矿产资源。随着人类对矿产资源的巨大需求和盲目超强度的开采消耗，矿产资源将会逐渐耗竭。

据有关资料表明，截至2002年，地球上已经探明的有色金属储量如果按现在的开采速度计算，可供开采的年限分别为：铜22年、铝164年、镍77年、锡28年。原生有色金属矿产资源正在趋于枯竭。

同时，科学家发现，以现在探明的储量来计算，许多不可再生的稀有金属资源仅可以用十来年。比如被用作制造阻火材料的锑金属15年就将被用光，银在110年内就会被耗尽，锌可能在2037年前被用光，而铟和铪这两种重要的计算机芯片原料金属在2017年前就可能被用完……

我是资源保护小达人

来测试一下，看你是不是资源环保小达人。

1.我喜欢让爸爸（妈妈）开车送我上学。

□是　□不是

2.对石油如何利用没有概念。

□是　□不是

3.天气稍微有点热就开空调。

□是　□不是

4.了解新能源的种类和性质。

□是　□不是

5.不管多近，能坐车绝不走路。

□是　□不是

6.大吃大喝，暴殄天物。

□是　□不是

7.用过的纸张随手乱扔。

□是　□不是

8.觉得废品再利用是浪费时间、浪费生命。

□是　□不是

9.剩余牙膏、洗面奶挤干净。

□是　□不是

10.有向家人或朋友解过保护资源的知识。

□是　□不是

题目	是	不是
1	0分	+10分
2	0分	+10分
3	0分	+10分
4	+10分	0分
5	0分	+10分
6	0分	+10分
7	0分	+10分
8	0分	+10分
9	+10分	0分
10	+10分	0分

总分在60分以下的同学：在这个成绩阶段的同学需要刻苦地补充一下资源环保的知识。加油！

总分在60～80分的同学：你对资源的保护有一定的了解，但是还欠缺一些主动性，期待你今后有更好的表现！

总分在90分以上的同学：恭喜你，达到优秀成绩哇！你就是资源保护小达人！

无所谓

地球上的资源越来越枯竭，终有一天这些资源会全部消失！

不用担心呀，资源枯竭也无所谓！

你怎么能这么说呀，资源枯竭了，我们就什么都做不成了！

开车用油、电视用电，从没听说过什么东西用资源！

再生资源

亲爱的，你在哭什么呀？

我的钱花完啦，资源枯竭啦！

怕什么，再向家里要嘛！

家里破产了！看来我的钱也是不可再生资源啊！

接水

妈妈，家里停水了。

去姑姑家接点水。

姑姑，我们家停水了，来接点水用。

我刚看了天气预报，马上就要下雨了，到时候有的是水！

天才的回答

给你们出一道题，看看你们能否回答上来：我们生活的地球上有多少不可再生资源？

只有像我这么聪明的人才能回答这个问题。

莫非你是个天才？告诉我答案吧！

除了可再生资源，其他都是不可再生资源！

第2章 工业黑金——煤

煤是一种非常珍贵又常见的资源，是不可再生资源的一种。科学家认为，煤是古代的植物埋藏在地下，经历了非常复杂的生物化学和物理化学变化之后形成的固体可燃性矿物。除了作为燃料之外，它还是重要的化学原料，被称为工业黑金。

寻找五颜六色的资源

课题目标

发挥你的侦察才能，找到五颜六色的资源，并身体力行实施你的环保小建议。

要完成这个课题，你必须：

1.和家长、老师或者好朋友一起合作。

2.掌握各种资源的类型、特点。

3.把不同颜色的资源画在画册上。

4.把这些资源涂上颜色。

课题准备

可以与你的好朋友一起查询有关资源的相关数据，了解不同资源的不同颜色，比如水资源是蓝色，煤是黑色，等等。

检查进度

在学习本章内容的同时完成这个课题。为了按时完成课题，你可以参考以下步骤来实施你的侦查计划。

1.调查自然资源的类型。

2.了解这些资源的颜色。

3.把五颜六色的资源画在册子上。

4.展示给你的家人看看吧。

总结

本章结束时，可以和你的侦察团成员一起向父母、老师展示你的环保成果。

煤为什么被称为工业黑金

> **延伸阅读**
>
> 可以说，第一次工业革命的能源基础就是煤炭。当时整个社会都需要大量的煤炭，由于煤炭的广泛用途，它对推动人类社会进步起到了非常大的作用，所以有人把煤称为“黑金”，而把第一次工业革命称为“黑金革命”。

我们都知道，黄金是一种非常珍贵的东西，黄金制成的东西也非常漂亮，但是不起眼的煤却被称为黑金，这是什么原因呢？

煤埋藏在地下，现在技术发达了，开采起来相对没有那么困难。在古代，作为重要燃料的煤炭，却是一项开采起来非常艰苦的工作。很多时候，都是靠人力一筐一筐地从地下背上来的，所以非常珍贵，价钱也相对比较高，只有非常有钱的人家才能够烧得起。这也是它被称为黑金的一个原因。

人类在进入工业革命之前的几千年中，科

技进步一直非常缓慢。第一次工业革命的时候，蒸汽机、煤和钢铁被称为工业革命的三大主要因素，其中煤炭又是最重要的。当时的大型机器都需要蒸汽机带动，而煤炭可以帮助蒸汽机更快地运行。还有我们所知道的蒸汽机火车、轮船，这些大家伙的运行离了煤炭谁都玩不转。

第二次工业革命中，石油起到了非常大的作用。曾经有一段时间，石油也被称为黑金，后来，电力革命的时候，石油和煤炭的重要性下降了。由于石油是液体，煤炭是固体，跟黄金更相像，所以黑金就专指煤了。

到了现代，虽然作为能源，煤的地位有一定的下降，但是，它却变成了一种非常重要的化工原料。通过合适的加工，煤炭可以提供用于生产化肥、农药、合成纤维、合成橡胶、油漆、染料、医药、炸药等的煤焦油，也可以提炼用来制造氮肥、电石。电石是塑料、合成纤维、合成橡胶等合成化工产品。煤的这种广泛的化学用途，是它被称为黑金的另一个主要原因。

穿越时空的煤

煤虽然很不起眼，看上去很平凡普通，但是它的前世却是非常绚丽多姿的。

科学家认为，现在的煤大部分是古代的植物遗体留下来形成的。几百万年前、几十万年前的植物，特别是那些生活在沼泽和湖泊边缘的植物，最容易形成煤炭。那些高大的植物倒下之后，沉入水底，处于一种缺氧的状态，因此不会很快腐烂，这样的树木越积越多，时间长了，最终形成了植物遗体的堆积层。

植物的遗体在微生物的分解下，会逐渐演变成泥炭层。现在的沼泽里面，很多都有泥炭层的存在。这是形成煤的第一步。当碰上地质变化的时候，例如大规模的造山运动，或者泥炭被风沙、岩石、洪水沉降下来的泥沙等掩埋的时候，泥炭层就有了往煤转化的另外一个条件。被掩埋的泥炭层在压力和地热的作用下，就会形成煤，这类煤就是褐煤。

褐煤受到不断增高的温度和压力的影响，内部的分子结构、物理性质和化学性质都会进一步变化，这时候，就逐渐变成了烟煤或者无烟煤。

人们在寻找煤矿的时候，往往能够根据地质条件探索到煤矿，再根据这些煤矿所在的地层以及煤里的化石等，判断出这些煤的前世是什么。开滦、阳泉等煤田，是在古生代的石炭纪至二叠纪时期形成的，这个时期的成煤植物是古代的蕨类植物；大同的武宁煤田，是在中生代的侏罗纪形成的，这个时期的成煤植物有古代的苏铁、松柏类、银杏类等裸子植物；抚顺的煤田和云南的小龙潭煤田，是在新生代的第三纪形成的，这个时期的成煤植物是古代裸子植物中的松柏类和原始的被子植物。

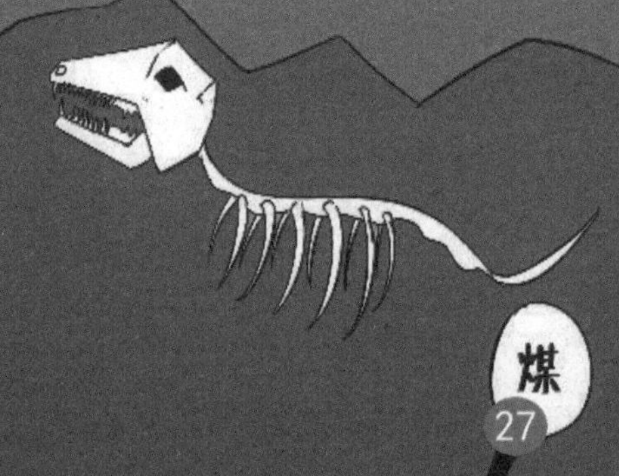

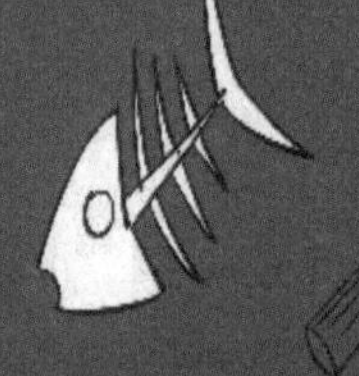

你看得见身边的煤吗？

煤对人类非常重要，很多时候，我们虽然看不到乌漆发黑的煤，可是它确实存在于我们身边。那为什么我们看不到呢？原来，这些煤都经过变身，变成其他东西了。就让我们来看一看身边的煤吧。

北方的冬天特别寒冷，特别是东北等高纬度地区，最低气温达到零下几十摄氏度，滴水就能成冰。在这样冷的天气里，北方的人是怎么生活的？如果我们冬天来到北方的城市，进入屋子之内，就会发现，室内的温度并不像我们想象的那么低，而是非常暖和的。原来，家家户户都有暖气。我国

的城市供暖，绝大部分都是由煤炭提供的，虽然我们在屋子里看不到煤，但是由煤提供的热量，正在暖和着我们的身子。

现在，我们再寻找一下身边的化工制品，比如一部分衣物和其他布料。我们会觉得衣服都是由棉花制成的，事实上，现在的衣服，很多都是由煤制成的。那些由棉花制成的衣服，为了使衣物展现特殊的性能，比如抗皱等，往往也会加入一些由煤制成的材料。想不到吧，乌黑的煤，不仅被我们"穿"在身上，而且还有斑斓的色彩。

虽然我们看不到，但是煤已经深入到我们生活的深处，与我们朝夕相处，就连我们生病时吃的药里面，也有相当一部分是由煤里提取的物质生产的。

延伸阅读

全世界煤炭的重要用途之一，是作为冶金燃料。优秀的煤能够提供持久的高温，使金属熔化，再制造成各种各样的零件和我们身边各种各样的家具和其他工具。电视机、电冰箱、各种金属家具、厨房用的餐具等，这些大多是由煤提供的热量制造的。

地球上还有多少煤？

煤为人类的生存作出了非常大的贡献。朱自清先生曾深情地歌颂了煤的伟大品格，同时也表达了自己的抱负和对下层人民的歌颂。

在世界三大能源中，煤炭的储量是最多的，占化石能源储量的65%以上，是能源宝库中非常重要的财富。现在已经探明的储量，地球上的煤炭总共有8000亿吨以上。根据地球上现在的用煤采煤速度，科学家估计，地球上的煤还可以再用224年。

煤在全世界各个大陆、岛屿上都有分布，但却分布不均匀。我国的煤炭资源非常丰富，但是煤的质量大都不是很高，往往伴随着非常多的杂质。

作为煤资源大国，中国理应把煤炭作为主要的能源之一，以保证国家的能源安全。但是，

延伸阅读

中国有多少煤?

2004年，国家煤矿安全监察局表明，中国现有煤剩余可采储量是660亿吨。国家统计局公布中国原煤产量为每年16.67亿吨。按此计算，在没有新探明煤炭储量的前提下，中国的煤炭还能开采不足40年。

根据 BP 能源数据整理，2006 年全球煤炭探明储量排名如下表所示:

排名	国家	探明储量 /百万吨	所占份额 /%	触采比 (R/P)
1	美国	246643	27.1	234
2	俄罗斯	157010	17.3	≥500
3	中国	114500	12.6	48
4	印度	92445	10.2	207
5	澳大利亚	78500	8.6	210
6	南非	48750	5.4	190
7	乌克兰	34153	3.8	424
8	哈萨克斯坦	31279	3.4	325
9	波兰	14000	1.5	90
10	巴西	10113	1.1	≥500

煤资源不是无限制的一次能源，而且，在现有技术和经济条件下，事实已经证明大量使用煤炭已使环境严重污染，因此，从国家能源战略角度考虑，应该相当谨慎地使用煤炭资源，尽可能使能源来源分散化和能源消费结构合理化，尽可能通过市场方式充分利用全球的能源资源。

假如地球没有能源

延伸阅读

专家估测，全世界的石油可供开采40年，煤可采224年，天然气可采61年。而在中国国内，石油只够采11年，煤可采40年，天然气可采30年。加之世界人口增速很快，全球经济快速发展，世界油、煤耗尽的日子为时不远了。

如果石油、煤、天然气这些资源被开采枯竭，我们就不能坐飞机、搭轮船，这也只是交通上的苦恼，问题不太大，我们可以改用其他能源。但是以石油、煤作为主要原料的直接、间接企业将会陷入一片瘫痪，社会的物质资源会出现空前的匮乏。

目前，小到一针一线、大到衣食住行的种种物品，许多都是从石油和煤中衍生来的，没有石油就没有石油化工。一旦油、煤耗竭以后，会出现化纤奇缺，人们不得不重发布票以度日，随之而来的是塑料短缺，一切涉及塑料的日常用品、家用电器将紧缺，价格也将升高，手机、电脑、仪表等的制造会变得困难。

没有了这些能源，医院就没有一次性医疗用品，油漆、颜料、染料、水泥、钢铁等统统会短缺，随之而来的是电力缺乏、化肥短缺、塑料大棚建造困难，农产品产量因之降低，众多的制造工业因缺乏原料而萎缩，石油、煤、天然气的价格空前高昂。这会给低收入人群的生活增加很多意想不到的困难。

地球累积了几十亿年之久的时间，才形成了这些一次性的化石资源，这些天地奇珍却会在几代人之间挥霍浪费殆尽。数千年间世界各国的战乱破坏，特别是最近两次世界大战中发生的大轰炸、大破坏对很多资源造成了无法估量的损害。

人类习惯了无限地追求豪华和奢侈，豪宅名车、高档装修、城市亮化、

面子工程、公车消费、塑料袋、一次性用品、大功率空调冰箱、赛车赛艇等等，这些都造成了资源的严重浪费。

中国目前大约有 5450 万台电脑，每年用电大概要消耗 2300 万吨煤。

人类从 18 世纪工业革命以后，以不断加大能耗的方式来获取自己的舒适便利。目前，全世界每年消耗的煤约 50 亿吨，石油约 40 亿吨，天然气约 3 万亿立方米，且其数量还在不断地增长。这是个短暂的繁荣享受时代，建立在石油、煤和天然气的大量消耗之上，而目前，还没有发现完全能替代这些化石原料的新能源。如果这些化石原料采尽之后，将会对我们的生活带来极大的不利影响。

化石能源耗竭之日，石化工业也将随之消亡。随着物质的减少，很多虚荣的行为将风光不再，那时地球的温室效应会非常严重，生态严重破坏，众多的人口为了获能只有过度索取，森林也逃不过变成荒漠的命运。

也许在山区再骑一骑小毛驴，在城市自行车铃声叮当，夏天重新摇起大蒲扇，多发展些新能源，用以照明、采暖、沐浴，才是人类应该过的本分日子。

知识的复习与拓展

本章介绍了对人类来说非常重要的资源——煤。在阅读完本章之后，大家应该对煤有了一定的了解:煤是我们人类最传统的资源，直到现在有些家庭还以烧煤来烧水取暖。请根据本章中的知识回答下面三个问题:

1. 在世界三大能源中，储量最多的能源是什么?
2. 请你寻找一下日常生活中出现的含有煤的能源。
3. 褐煤如果受到不断增高的温度和压力的影响，会转变为什么?

你想不到的煤炭趣闻

孟加拉国是南亚的一个小国，面积仅有14.7万平方千米，但人口却多达1.3亿，是世界上人口密度最高的国家之一。孟加拉国比较贫穷，人均年收入不足400美元。

孟巴矿井作为该国唯一一座现代化矿井，对拉动当地的经济发展作出了巨大贡献，周边地区的不少村民也因煤矿开采过上了富裕的日子。

在孟巴矿围墙外，矿井每天都通过排水沟向外排放洗煤用水。在排水出口处，每天24小时都有一群自力更生、靠自己的辛勤劳动致富的人，他们用细纱布等网状物作为工具拦在出水口处，捞取水中的煤渣。他们下到齐腰深的水里，用竹竿不断搅拌，以增加水流中的含煤量。虽然水很热，但不管刮风下雨，他们每天都这样坚持着。

矿井正常生产时，这群人每人每天能获得100塔卡(约人民币10元)左右。

观察煤块中有什么

大家来看看煤块中到底有什么。

实验用具:煤、放大镜。

实验步骤:

1. 观察一大块煤,尽可能详细地记录你的观察结果,如颜色、纹理、形状等。

2. 用放大镜对该煤块进行更近距离的观察。

3. 检查煤块上有没有动植物化石或它们的痕迹。

思考与观察:

与先前用肉眼直接观察的结果相比,用放大镜观察时你注意的是什么?你认为煤是由什么构成的呢?

烧杨梅

好好管管你家的“煤煤”,老是对着别人大叫,这样不好。

我家的狗不是煤炭的“煤”,是杨梅的“梅”。

反正都是一个读音,可以当作一种东西理解。

原来你们家烧煤都用杨梅呀!

以煤代钱

朋友,去年借我的钱该还了吧!

可我现在没钱还你呀!

我家还有几块煤,听说煤被叫作黑金,我就用它当钱还你吧!

好呀,我借你的钱能买一吨煤,你给我背过来吧!

走神

我同桌上课这么用心听讲，真是个好学生！

我越来越佩服他了！

刚才老师讲了煤炭的哪方面知识？

不好意思，我刚才听着听着走神了！

原始社会

资源枯竭了，我们的地球就会重新回到原始社会！

其实原始时代也不错啊！

我们照样可以开汽车！

我们可以找八匹马拉着汽车走！

第3章 工业的血液——石油

石油对人类非常重要，它不仅是一种经济物质，还是一种战略物质。如果地球上的石油在某一天突然全部都消失了，大部分的城市都会陷入瘫痪，不过科学家正在寻找能替代石油的产品。

寻找不同的液态资源

课题目标

发挥你的调查才能，找出各式各样的液态资源，并身体力行实施你的环保小建议。

要完成这个课题，你必须：

1.和家长、老师或者好朋友一起合作。

2.需要了解各种资源的物理特性。

3.找出其中的液态资源。

4.把这些液态资源记录下来。

课题准备

可以与你的好朋友一起学习水、石油等的相关知识，也可以和小伙伴一起上网了解相关环保数据。

检查进度

在学习本章内容的同时完成这个课题。为了按时完成课题，你可以参考以下步骤来实施你的调查计划。

1.找出液态的自然资源。

2.想想这些资源是怎么产生的。

3.思考这些资源是如何被利用的。

4.与同学们讨论你的看法。

总结

本章结束时，可以和伙伴们一起向父母、老师展示你的环保成果。

石油是石头里流出来的油吗？

延伸阅读

南朝的《后汉书》记载了甘肃玉门附近产的石油。书中是这样描写的："县南有山，石出泉水，大如，燃之极明，不可食。县人谓之石漆。"这里的石漆就是石油。

石油为什么被叫作"石"油？它是石头里流出来的油，还是由石头做成的油？它为什么会被叫作石油？这个名字是从哪里来的呢？

石油并不是石头里流出来的油，它是一种埋藏在地下的矿物质。主要成分是各种烃类，比如烷烃、环烷烃、芳香烃等，是古代海洋或湖泊中的生物经过漫长的演化形成的，属于化石燃料。石油主要被用来作为燃油和汽油，也是许多化学工业产品如溶液、化肥、杀虫剂和塑料等的原料。

我国发现石油的历史很长，但是最早它并不叫石油。早在西周时，《易经》中就有关于石油的记载:“泽中有火,上火下泽。”泽,指湖泊池沼。“泽中有火”,是对石油蒸气在湖泊池沼水面上起火现象的描述。但是真正最早记载石油的古籍,是离现在已经有 1900 年,东汉文学家、历史学家班固所著的《汉书·地理志》。书中写道:“高奴县有洧水可燃。”

对石油进行科学命名的是我国古代著名的科学家沈括,他详细地考察了石油,把历史上沿用的石漆、石脂水、火油、猛火油等名称统一命名为石油。在《梦溪笔谈》中,他对石油进行了详细的论述:“延境内有石油……予疑其烟可用,试扫其煤以为墨,黑光如漆,松墨不及也……此物后必大行于世,自予始为之。盖石油至多,生于地中无穷,不若松木有时而竭。”石油一词在书中第一次出现,并且一直用到现在。

石油是如何形成的？

石油对我们现在的生活非常重要，很多人认为石油是古代生物留下的遗体经过几十万年或者更长的时间转化而来的，这种理论对吗？除了这种石油生成理论，还有其他的理论吗？

现在关于石油成因，最有名的是生物成油理论和非生物成油理论。大多数人都对生物成油理论非常熟悉。

根据生物成油理论，石油是由古代的生物遗体形成的。科学家经过研究发现，石油的生成至少需要 200 万年的时间，现在勘探的油藏中，有的已经形成了 5 亿年之久。在地球漫长的历史中，会有一些特殊的时机，比如古生代和中生代的时候地球上的生物非常繁盛，这些生物死亡之后，它们的身体不断地分解，与泥沙和其他物质混合在一起，在压力和高温的条件下，就会形成石油。随着石油的不断聚集，最后会形成石油矿藏。

百年之后，我也会变成石油吗？

非生物成油理论是由俄罗斯的石油地质学家尼古莱·库德里亚夫切夫提出，经过天文学家托马斯·戈尔德完善形成

的。这种学说认为，在地球内部，由于高温高压的环境，地壳内部的一些碳自然地以碳氢化合物的形式存在。碳氢氧化物的比重比水轻，所以会沿着岩石的缝隙向上渗透，最后汇聚成油矿。有的时候，在石油中会有一些古代生物的遗体，非生物成油理论认为这些遗体是岩石缝隙中存在的，刚好跟石油混在了一起。

生物成油理论被大多数人支持。利用生物成油理论，人们发现了很多石油矿藏。但是随着石油的过度开发，人们发现了很多跟以前认为的常识相悖的情况。比如有些被废弃、干涸多年的油井，会重新有石油流出来，因此人们提出了非生物成油理论，而且通过这种理论，也发现了一些新的油田。

延伸阅读

中国很早就开始利用石油，并且能够钻油。最早的油井在 4 世纪或者更早出现，人们用固定在竹竿一端的钻头钻井，钻探出来的石油用来制盐。到 10 世纪的时候，人们开始用竹竿把油井和盐井连接起来，制盐的速度更快了。

石油引发的战争

石油非常重要，它不仅是一种经济物资，也是一种重要的战略物资。为了争夺石油资源，历史上还爆发过战争。

20 世纪 80 年代的两伊战争期间，伊拉克欠了一些阿拉伯国家的债，其中欠科威特的债务为 140 亿美元。伊拉克为了尽早偿还所欠债务，希望石油输出国家组织（OPEC）降低石油产量，上涨石油价格。但科威特却提高了其产量，从而造成油价下降，希望以此来迫使伊拉克解决它们之间的边境争执。

伊拉克和科威特都有非常巨大的石油储量，两国又是邻国，它们之间一直有关于边界上的油田争端。1990 年 8 月 1 日，伊拉克和科威特关于石油问题的谈判最终破裂了。8 月 2 日，伊拉克出动军队，迅速地占领了科威特全境，推翻科威特政府并宣布吞并了科威特。海湾战争正式爆发。

石油是当今世界经济发展的“血液”，同时也是现代军队的驱动剂，没有石油，战机、航母、坦克等武器就不能运行。如果伊拉克吞并科威特进而占领沙特阿拉伯，就可控制全世界一半以上的石油资源，这犹如卡住了以美国为首的西方主要工业国的咽喉。而以美国为首的发达国家需要大量的石油，他们当然不允许伊拉克危害自己的利益。所以，美国为了敦促伊拉克返还占领的科威特领土，于8月7号派兵进入伊拉克的邻国——沙特阿拉伯。联合国很快通过决议，要求伊拉克在1991年1月15日之前撤出科威特，否则将会诉诸武力。

巨大的石油利益让伊拉克决定背水一战。1991年1月17日，美军轰炸巴格达，出动了大批的先进武器，在短短的42天时间里，就战胜了伊拉克，逼迫伊拉克签署了停火协议。1991年2月28日，海湾战争结束。

海湾战争不仅大大影响了世界的政治局势，也对整个世界军事界造成了非常大的影响，直接影响了整个军事技术和军事思想领域的发展。由此而导致的一系列变革性影响，后来被统称为“新军事变革”。

延伸阅读

海湾战争历时42天，期间油井大火昼夜燃烧，是迄今历史上最大的石油火灾及海洋石油污染事故，也是人类历史上最严重的一次环境污染，其污染程度超过了切尔诺贝利核电站发生的核泄漏事故。

我们离开石油还能生存吗？

延伸阅读

我们现在说的能源危机，大部分时候指的是石油能源危机。石油在我们的生活当中非常重要，它关系到国家的经济发展、社会稳定。大多数时候，石油供应都与国际政治斗争、全球战略意义争夺，甚至其他各种矛盾交织在一起。

石油被誉为工业的血液，它深入到我们生活中的方方面面。石油工业提供的化工原料，生产了我们日常生活中最重要的产品。那石油的重要性都体现在哪些方面呢？

如果没有了石油，我们的生活会非常的麻烦。比如早晨我们起床，就会碰到大麻烦：我们很多的塑料制品，都是通过石油提取物来制成的，牙刷就是其中的一种，如果没有了石油，我们可能连刷牙都会出现麻烦；个人护理用的各种化妆品，比如洗面奶、洗发水里含有的很多成分，也是在石油里提取的。

如果没有了石油，我们上学放学，就只能步行，因为我们用的各种交通工具的燃料就来源于石油，即使那些不用石油作为燃料的车，例如

电动车、自行车等，也需要利用石油作为润滑剂，来降低各种机械之间的摩擦，没有石油的润滑，我们的自行车、电动车骑起来会非常吃力。

如果现在突然没有了石油，我们去远方旅行，也几乎是不可能的。飞机、轮船、火车、汽车，几乎一切交通工具都离不开石油。现在我们坐飞机、轮船去美国，一来一回也不需要很长的时间，但是没有了石油，这几乎就是一件不可能发生的事。比如当年郑和下西洋，带领着庞大的船队，在当时已经是世界上最先进的了，可是跟随郑和下西洋的人，有很多都一去不复返，再也没见到自己的亲人。

石油还是非常重要的战略物资。各种坦克、汽车、导弹、火箭、战斗机等都离不开石油，如果没有了石油，这些强大的国防武器都派不上用场，敌人的入侵就是易如反掌的事。所以各个国家都对石油非常重视。

石油还剩下多少?

石油对我们如此重要,它是取之不尽、用之不竭的吗? 地球上现在还剩下多少石油?

英国发布了一份全球能源统计报告显示，目前探明的全球能源储量还可以满足近期的总体需求。根据目前的开采速度计算,全球石油储量可供生产 40 多年。报告称:全球已探明的石油储量最多不超过 11900 亿桶,有超过 60%的石油储量分布在中东。其中,沙特阿拉伯的石油储量全球最高,总量超过 2627 亿桶,占全球已探明石油储量的 22%;全球石油储量

排名第二的是伊朗，拥有石油储量约 1325 亿桶；伊拉克的石油储量占全球已探明石油储量的 10%；紧跟其后的是科威特，拥有全球已探明石油储量的 8%。但是专家指出，根据沙特阿拉伯 2004 年石油增产速度的情况看，沙特阿拉伯很可能会比伊朗提前耗尽现有的资源储备。

除了中东地区国家拥有庞大的石油储量外，南美的委内瑞拉、欧洲的俄罗斯各自拥有已探明全球石油储量 6%的份额。报告还指出，2004 年是全球能源市场持续高速增长的第二个年头，所有燃料消费的增长都超过去 10 年的平均增长率，强劲的能源消费推动了石油、天然气以及煤炭价格的上涨。

我国石油最终可采资源量为 130 亿～160 亿吨。目前我国每年消耗的原油量为 2.6 亿吨左右，去年纯进口量近 6000 万吨，占国内需求量的 1/4，所以中国的石油最多还能用 80 年。

知识的复习与拓展

本章介绍了石油的各种性质和特点，相信大家一定对石油的特点与性质有了大致的了解。石油是20世纪最新发现的重要资源，很多国家为了争夺它爆发了大大小小的战争，造成了人类与环境的双重破坏，我们一定要珍惜现存的环境，不要让悲剧再次发生！请回答下面三个问题：

1. 如果没有石油，我们的生活会变成什么样子？

2. 石油储量排名世界第一的是哪个国家？

3. 描述一下石油演变的过程。

学会看表

与你的小组一起考察一下你们所选择的校内的某一个区域，看看这些区域内，能源有哪些不同的用途：比如哪些东西是用来供暖的，哪些东西是用来制冷的，哪些东西是用来照明的，等等。还有机械装置、电子设备或机动车等是利用哪些能源运行的，等等。

在数据表上将具体能源类型和使用数量记录下来。要获得这些数据，你们需要从电表中或燃料表上读数。要在一天中的不同时间观察几次，因为能源的使用方式在各个时间段可能是不一样的。

古代使用石油趣闻

现代石油生产的历史能追溯到1846年，迄今不过163年，而在此之前，长达数千年的“前石油时代”，“石油”的名称和若干属性，早已为当时一些地方的人们所掌握。

今天，石油的用途可谓无处不在，可是几千年前人们用石油做什么呢？石油被发现是因为它可燃，几乎所有在古代应用过石油的国家都有用油照明、点灯的记载。但目前发现最早的、确凿可考的用途是最匪夷所思的——盖房子。印度河流域的古代的沥青浴室、两河流域的苏美尔沥青殿堂，是最早用石油副产品建成的建筑。公元8世纪，阿拉伯帝国的新都巴格达，全部街道都由柏油铺成。另一项古老的用途是治疗人畜皮肤病。13世纪大旅行家马可·波罗前往中国途中经过巴库，在著作中记载这里的石油“可以作为药膏治疗人畜身上的瘙痒和疮痂”。

在军事层面，石油最初用于海军。公元668年，希腊裔叙利亚工匠佳利尼科斯将自己发明的“希腊火”带到拜占庭帝国首都君士坦丁堡。这种“秘密武器”用特制管子喷射，沾水就着，喷射时伴有浓烟和巨大声响，更能附着在船体、船帆和人身上燃烧，对敌人船只、士兵的杀伤力巨大。其主要成分是石油。

在中国古代同样出现了类似“希腊火”的“猛火油”，“猛火油”最大的特点就是越用水泼烧得越猛，辽开国皇帝耶律阿保机收到定都扬州的割据政权——杨吴从海路送来的“猛火油”，便打算进攻幽州（今北京），作为对“猛火油”攻城效果的尝试，结果被他的妻子、皇后述律平以“有失仁德”的大道理劝阻，北京城因此而逃过一劫。

电力汽车

石油是汽车的动力源泉，大家记住了吗？

现在的汽车也可以靠电力驱动！

电力汽车还存在一定的缺陷。

就像这经常停电的电灯一样，缺陷是必然的！

汽油贵如金

家里的油用完了，借我点吧。

你说什么？汽油比黄金都贵！

你咋不借黄金呢！

你误会了，我说的是炒菜的油啊！

水油关系

咱们两个的关系就像油和水一样。

我知道，油和水都是液体。

你想说咱们两个非常相像是吧！

不，我想说的是水和油是不能相溶的！

油的战争

你知道吗，海湾战争的主要原因就是争夺石油。

我知道，你们家的战争也是因为油。

胡，胡说！

你妈妈做菜不爱放油，你爸爸就和你妈妈吵起来了！

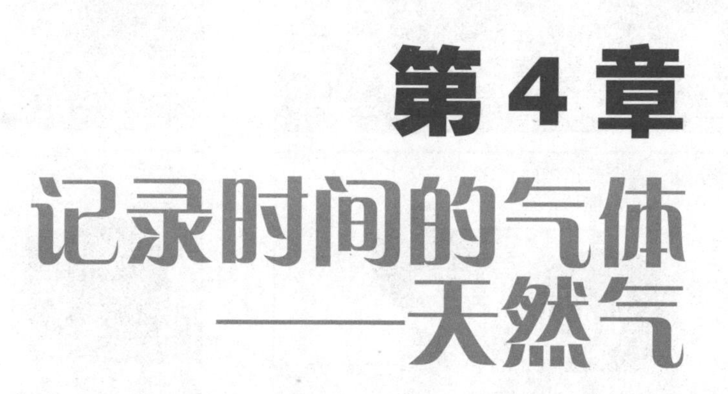

第4章 记录时间的气体——天然气

石油是有限资源，总有一天会被用尽，而天然气的形成虽然与石油非常相似，但它是一种天然的气体燃料，而且分布范围要比石油广得多。人们现在正逐渐用天然气代替石油发挥作用。在未来，天然气的用途将会越来越广。

寻找身边的天然气

课题目标

发挥你的调查才能，找到在你身边出现的天然气，并身体力行实施你的环保小建议。

要完成这个课题，你必须：

1.和家长、老师或者好朋友一起合作。

2.了解天然气的性质和特征。

3.看看身边哪些生活用具是使用天然气的。

4.把这些用具记录下来。

课题准备

可以与你的好朋友一起上网了解天然气的知识，和家人一起观看科普节目并了解相关环保数据。

检查进度

在学习本章内容的同时完成这个课题。为了按时完成课题，你可以参考以下步骤来实施你的调查计划。

1.学习天然气资源的知识。

2.了解天然气是如何产生的。

3.知道天然气是如何被利用的。

4.实施行动，做一个环保小卫士。

总结

本章结束时，可以和你的调查伙伴一起向父母、老师展示你的环保成果。

天然气是天生的吗？

说起天然气大家都不陌生，每天我们都要用天然气来烧水做饭；在新闻当中，我们也经常听到有关天然气的报道，比如说什么地方的天然气又涨价啦，哪个城市关于天然气涨价要召开听证会啦，等等。那么天然气到底是一种什么样的气体，它有什么用途呢？

天然气是一种天然的气体燃料，成因和石油很相似，但是分布范围要比石油广得多。在很低的温度条件下，地层中的有机物也能够在细菌的作用下形成天然气，有些时候，天然气还会蕴藏在不含有石油的岩层里，跟石油混合在一起的天然气，在钻探石油的时候，在高压下向外喷发，就会引发井喷。

天然气是一种无色的气体，看不见、摸不着。纯净的天然气，主要成分是甲烷，它是一种没有味道的气体。那么我们如何知道天然气的存在呢？自然界中的天然气，往往会含有其他一些气体如乙烷、丙烷、丁烷

和二氧化碳、硫化氢、氮、氢等气体，硫化氢是一种具有独特气味的气体，人们可以根据这些气味判断天然气的存在。市场上销售的天然气，相对比较纯净，由于没有气味，工作人员要往里面人为地添加硫化氢，这样一旦天然气泄漏，就能够被人们及时发现。我们做饭的时候，特别是刚开始点燃天然气灶的时候，往往会闻到一些特殊的味道，这就是天然气里的其他气体的味道。

天然气在很多领域中都有广泛用途，除了大量用于日常生活之外，还广泛作为发电、石油化工、机械制造、玻璃陶瓷、汽车、集中空调的燃料或原料。

在农村地区，人们往往会人工制造天然气——沼气：挖一个大坑，把一些牛羊粪、秸秆等放进去，在温度相对比较高的夏天，经过一段时间的发酵，就会生成沼气，可以用来作燃料燃烧。

天然气是怎样形成的？

延伸阅读

我们都知道汽车是靠石油推动的，可你知道有些汽车是靠天然气推动的吗？由于地球上的石油储量有限，所以人们研制出来天然气车。现在很多公交车和出租车都是依靠天然气推动的。

天然气是一种清洁的能源，相对于煤和石油来说，燃烧后只生成二氧化碳和水，对大气的污染相对比较小。那么天然气是如何形成的呢？它在地球上的分布广泛吗？

天然气的生成途径相对较多，大致可以分为生物成气和非生物成气两种。

在自然界中，有一种细菌叫作甲烷菌，在农村的沼气池中，有大量的这种细菌分布。在没有氧气的环境下，甲烷菌会分解有机物，释放出甲烷。在石油和煤形成的过程中，大量的有机物被埋藏在地层的深处，形成没有氧气的环境，非常适合甲烷菌生长。甲烷细菌的生长，分解出大量的天然气，这些天然气聚集在一起，最后形成了天然气矿藏。在石油和煤矿中，往往含有很多天然气，这些都是生物成气原因形成的。石油和煤在遇到氧气的时候被氧化，也会产生甲烷，这些伴随着其他矿藏埋藏在一起的甲烷，叫作伴生气。

非生物成气也叫无机成气。在高温和铁族元素存在的条件下，二氧化碳和氢气非常容易地就结合成了甲烷气体。

地球刚刚形成的时候，在原始的地球大气中，大量地分布着甲烷。这些甲烷被地幔物质吸收，汇集到一起，也可以形成矿藏。火山喷发出的气体中，甲烷占有相当大的比例，这些甲烷大多是无机成气原因形成的。

地核是地球的核心。分为外地核、过渡层和内地核三个层次。外地核的物质呈液态。过渡层的物质处于由液态向固态过渡状态。内地核主要成分是以铁、镍为主的重金属，所以又称铁镍核，而且温度非常高，所以这里会形成相当数量的甲烷，经过岩石的缝隙向上流动，最终成为天然气矿。

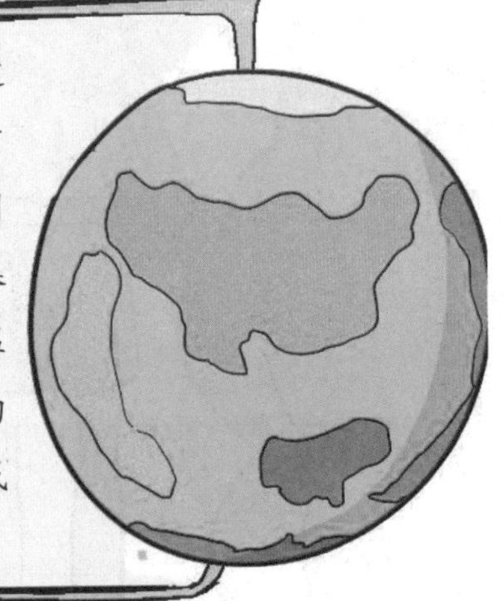

新型能源

天然气被称为一种新型的能源，它具有哪些特点呢？

天然气是一种清洁的新型能源，燃烧后没有废渣、废水产生，跟煤炭、石油等能源比起来，具有使用安全、热值高、洁净等优势。

天然气相对比较安全，没有毒，不会引起人类中毒。它不含一氧化碳，也比空气轻，一旦泄漏，会立即向上扩散，不易积聚形成爆炸性气体，安全性较高。科学家告诉我们：采用天然气作为能源，可减少煤和石油的用量，因而可大大改善环境污染问题。天然气作为一种清洁能源，能减少近100%二氧化硫和粉尘排放量，减少 60%二氧化碳排放量和 50%氮氧化

天然气在液化过程中，得到进一步净化，甲烷的纯度更高，几乎不含有硫化物和二氧化碳，并且无色、无味、无毒。

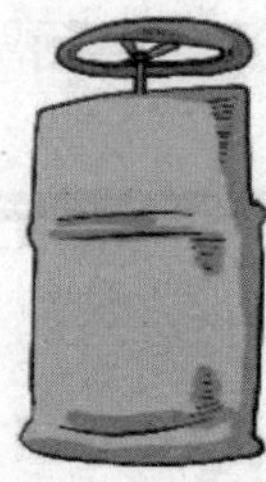

合物排放量。酸雨的形成，主要是因为煤和石油中含有的硫燃烧后形成二氧化硫，在空气中跟雨水结合，形成酸雨，对建筑物、动植物、人类健康都非常有害。天然气的使用可以有效减少酸雨的形成，从根本上改善环境。

天然气的体积比较大，可以通过液化来缩小体积。通过加压、低温等措施，能够使天然气液化，称为液化天然气。液化后的天然气，体积大幅度减小，1 立方米的液化天然气，气化后能够达到 625 立方米，对于贮存和运输非常方便。

天然气的流动性非常好，只需要在产地和用地之间建设一条天然气输送管道，就可以源源不断地把天然气输送过去，运输费用非常低廉。

天然气还有多少?

冬季是天然气供应的高峰,阶段性、区域性供需矛盾开始显现。一些人不免产生疑问:天然气资源到底够不够用?要回答这一问题,我们先要对天然气资源摸摸底。

> **延伸阅读**
>
> 美国天然气年消费量达6000亿立方米,俄罗斯近4000亿立方米,整个欧洲更是"嗜好"这种绿色能源,消费量惊人,而且与日俱增。而包括中国在内的广大发展中国家在经济快速崛起的同时,正快步进入天然气时代,对天然气的需求同样巨大。

有一些预测似乎乐观一些。美国一份能源研究报告显示,全球天然气资源基本得到证实的储量达到500万亿立方米,目前已采出86万亿立方米左右,未来至少还能找到220万亿立方米的储量。

当然,有乐观的预测,就有悲观的担忧。一些业内人士坚持认为,天然气资源短期看过剩,长期看绝对不会过剩。人类对清洁能源的潜在需求非常大,而人类真正走进可再生能源时代,"路还长着呢"。他们总是这样警示世人。

乐观也好,悲观也罢,可谓"仁者见仁,智者见智"。就世界范围而言,同石油工业相比,天然气工业整体落后30~50年。经过100多年的发展,

石油工业已进入高峰期;而天然气还在“爬坡”阶段,方兴未艾。

天然气生成理论的重大突破,极大地拓展了天然气勘探领域。地质家们证实,天然气的来源比石油要“宽广”得多。占天然气主要成分的甲烷,不仅可以有机生成,也可以无机生成,甚至早在地球形成之初,甲烷就存在于地壳中。天文学家也发现一些星球可能被甲烷大气层包围着。

这一发现,对天然气发展前景意义非凡,彻底颠覆了过去找天然气的方式方法。过去找天然气,像找油一样,人类的思维局限在盆地,视野难以超越圈闭和构造,并认为油、气一般不分家。后来人们发现天然气经常“独门独户”。

世界的天然气资源总体情况并不那么悲观,人类似乎可以“高枕无忧”。但地质家警示我们,人类对这种资源的需求同样是异常惊人的,未来的消费量可能远超我们今天的想象。

而且,更让人担忧的是,我们离“可再生能源时代”的实际距离还很遥远,至少远没有人类想象的那么乐观。从能源大国美国对未来的规划中或许可见一斑。美国中长期能源规划显示,他们已经做好在天然气时代生活100年甚至更长时间的准备。也就是说,在真正走进新能源时代之前,天然气是连接传统化石能源与可再生能源之间的重要桥梁,甚至是唯一桥梁。

正如一位地质家所说,即使天然气资源够用100年,甚至200年,“省着用”仍是人类的不二选择。地球上没有一种资源经得起五六十亿人“挥霍”。更何况,天然气并非取之不尽、用之不竭。而且,资源开发过程必然对地球生态环境造成破坏,开发越多,伤害也越重。石油时代的许多悲剧不能在天然气时代重演。地球只有一个,它已经不堪重负,对它少一点伤害,人类就多一天未来。

一句话,只有科学开发、合理利用,人类才有可能长时期享用天然气这份“福气”,平稳过渡到“可再生能源时代”。

知识的复习与拓展

介绍天然气的知识到此告一段落，学习了本章内容，你一定对天然气的形成与发展有了充分的了解。天然气作为潜力巨大的新能源，正发挥着越来越重要的不可替代的作用，让我们期待它的前景会越来越辉煌！请回答下面三个问题：

1. 天然气为什么被称为安全的气体？

2. 天然气是如何形成的？

3. 天然气的适用领域都有什么地方？

能源稽查

课题目标：

写一份关于你们小区某一类能源使用情况的报告，其中包括你对节约能源的建议。

要完成这一课题，你必须：

1. 调查所在小区所用的能源种类和数量。

2. 找出该区域节约能源的方法。

3. 将你的观察结果和建议以摘要形式写成书面报告。

课题准备：

和你的朋友一起组建一个小小能源调查团，统计一下小区用户的水、电、煤气用量。然后，想想该怎么节省这些资源呢。

煤气与天然气的区别

我们日常生活中常用的燃气大致分为三类：天然气、煤气、液化气。如果你家里用的是钢瓶，那一定是液化气；如果你家里用的是从管道里来的气，就一定是煤气或天然气。

天然气

天然气是一种毋需提炼的天然气种，无色、无味(输送中加入特殊臭味以便泄漏时可及时被察觉)、无毒且无腐蚀性，主要成分为甲烷(CH_4)。天然气燃烧时仅排出少量的二氧化碳和极微量的一氧化碳和碳氢化合物、氮氧化合物，是一种清洁能源。

液化石油气

液化石油气是石油开采、裂解、炼制得到的副产品。无毒、无味，具有麻醉及窒息性，过多的液化石油气充满密闭的空间，会令人有刺激感，引起呼吸困难、呕吐、头痛、晕眩等不适，甚至发生窒息意外。液化石油气比空气重，一旦泄漏便会沉积在地面或低洼地区，是一种易燃、易爆的气体，而且燃烧时会产生大量的一氧化碳废气。

人工煤气

是一种以煤为原料加工制得的含有可燃组分的气体。煤气是由含碳物质不完全燃烧时产生的气体，主要成分是一氧化碳，无色无臭，有毒，人和动物吸入后会造成一定程度的缺氧从而引起中毒。

●烧水

小区的天然气管道漏气了！

没有天然气洗不了澡了。

用水壶烧水一样可以洗呀。

笨，烧水用的灶也需要天然气呀！

●标语

天然气的价值真是越来越难以估量了。

我们来做个保护资源的标语吧。

让大家一起来保护自然资源。

保护资源，从我做起！

●谁更厉害

我家烧水用天然气。厉害吧。

我家也用。

我家洗澡也用天然气。厉害吧。

我家就是开澡堂子的！

●生气

好了，今天的班会到此为止。

明天开始，不守纪律的同学会按刚才说的受到惩罚。

想不到班长真的生气了，看来以后的日子不好过了。

不过班长肚子里的天然气还真容易起火呀！

第5章 油页岩和可燃冰

油页岩是一种可以燃烧的石头，我们能够从它里面提取出跟原油非常相似的页岩油来。是不是非常神奇呢？你知道有种冰是可以燃烧的吗，它多分布在海底，燃烧时，会在海中冒出红色的火焰！

神奇的资源全发现

课题目标

发挥你的侦探才能，找一找身边不可思议的资源，并身体力行实施你的环保小建议。

要完成这个课题，你必须：

1.和家长、老师或者好朋友一起合作。

2.需要对一些稀有的资源有所了解。

3.把你认为有趣的资源记录下来。

4.讲给同学和老师听一听。

课题准备

可以与你的好朋友一起上网了解资源的种类，观看科教频道的科普节目以了解相关环保数据。

检查进度

在学习本章内容的同时完成这个课题。为了按时完成课题，你可以参考以下步骤来实施你的侦探计划。

1.知道这些资源是从哪里来的。

2.发现这些资源的有趣之处。

3.记录这些资源鲜为人知的故事。

4.把它们复述出来。

总结

本章结束时，可以和你的侦探团成员一起向父母、老师展示你的环保成果。

能够燃烧的岩石——油页岩

石头非常坚硬,它们能燃烧吗?我们在电影和电视中,往往能够看到燃烧着的岩石扑面而来的画面,游戏当中这样的场面也特别多。那么,在现实中,有没有可以燃烧的石头?大家肯定会说是流星。流星在进入大气层的时候,由于高速运动,与空气强烈摩擦,发生燃烧。那么,有没有在正常状态下,也能够燃烧的石头呢?

答案是有。这就是油页岩,是一种可以燃烧的石头。我们在煤矿的旁边,往往会见到这种特殊的岩石,这些岩石虽然不能够直接燃烧,可是却能够从里面提取出跟原油非常相似的页岩油来。是不是非常神奇?油页岩的外形很普通,呈褐色泥岩状,相对密度为 1.4~2.7。油页岩中的矿物质常常和有机质均匀细密地混合在一起,有的还含有大量的黏土矿物,这类油页岩往往会形成很明显的片理。

油页岩最近几年才开始被人们重视并利用,技术的发展非常迅速,但是人们对它一直都不陌生,1838 年,法国人已经开始了油页岩工业,到现在已经有 170 多年的历史了。在煤矿中,往往伴生着很多这种岩石,但是

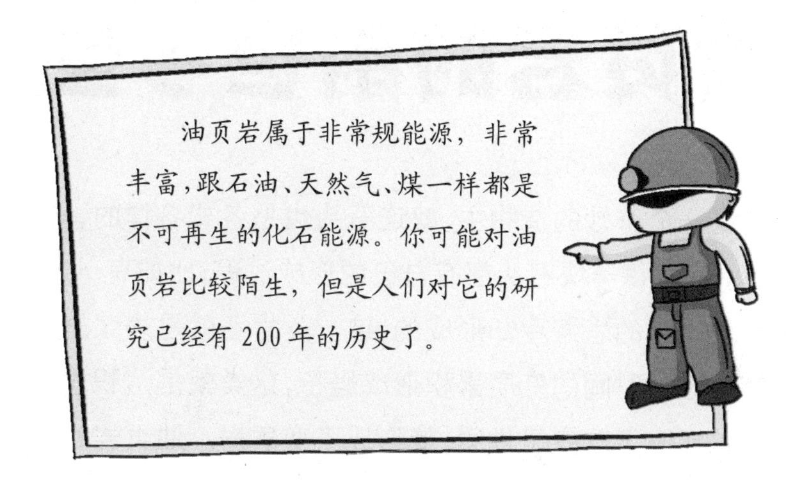

由于之前对它不够重视，很多矿石都被抛弃在煤矿周围的农田里，白白浪费资源不说，还污染环境。

油页岩跟煤和石油不同，它是一种有机物和无机物的混合物质，因此在利用油页岩的时候，必须要先对它进行加工。现在最常用的技术是干馏技术：把油页岩放在密闭容器里，进行加热，使油页岩中的有机物蒸发出来，再经过冷却，就是页岩油，它跟石油成分非常相像。

油页岩的前世今生

大自然是一个奇妙的造物主，就连石头也是各式各样的，油页岩就是其中的另类。其实每一块石头都有自己的形成过程，比如有一部分岩石是由于火山喷发出来的岩浆冷却形成的，这一类岩石就是岩浆岩；还有一些沉积物形成经过长时间的变质累积形成岩石，这类就是沉积岩；岩浆岩和沉积岩在特殊环境下改变了性质，就形成了变质岩。油页岩也同样，有自己独特的形成过程。

科学家认为油页岩的形成跟石油和煤非常相近，都是由于近海和沼泽地的动植物遗体经过长时间的累积形成的，不同的是油页岩在地壳的变动中加入了大量的泥沙、淤泥等，在隔绝氧气的情况下，经过微生物的作用，有机物被分解，就形成了油页岩。人们在开采油页岩的时候，往往会发现很多动植物的遗体化石，这也成为它们身份的最好证明。

现在我们开采出油页岩之后，一般都会用干馏的技术，对油页岩进行粉碎加热，使它里面的有机物变成气体挥发出来，把这些气体进行冷却，就能够得到跟原油非常相似的页岩油和天然气；提取过页岩油的岩石灰分，成为非常好的建筑材料，可以用来制造水泥等。在德国，每年有 30 万吨油页岩用于水泥的生产；在我国，油页岩干馏和燃烧后的半焦灰渣用来制造砌块、砖、水泥、陶粒等建材产品。

不同的国家对油页岩的利用不同。在爱沙尼亚，油页岩主要用来发电和提炼页岩油；在巴西，油页岩主要用作运输燃料；在德国，油页岩主要用于制造水泥和建筑材料；在中国和澳大利亚，油页岩主要用于提炼页岩油和用作燃料；在俄罗斯和以色列，油页岩主要用于发电。

油页岩是由古代的生物遗体混合了泥沙和矿物，经过漫长的地质时期形成的。一些微小动物、高等水生或陆生植物的残体，如孢子、花粉、角质等植物组织碎片，也参与油页岩的生成。

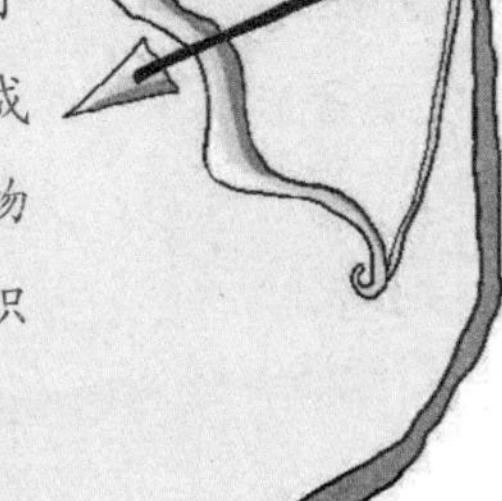

油页岩是取之不尽的吗？

油页岩同石油、煤炭能源一样，都是不可再生的化石能源。油页岩的储量在地球上非常丰富，而且分布也相对比较集中，现在地球上的已经探明的油页岩大多都在西半球，也就是美国、加拿大等美洲地区。迄今为止，美国是全球油页岩资源最丰富的国家，已探明的油页岩储量占全球储量的70%以上。

据不完全统计，现在探明的油页岩大概有10万亿吨，比煤炭资源量多40%，比石油资源多50%。由于油页岩的储量非常丰富，再加上技术越来越成熟，因此人们把油页岩看作是21世纪重要的替代能源。中国的油页岩储量也很丰富，根据现在已经探明的储量，在全世界排列第四位。虽然油页岩探明的储量非常丰富，但它仍然是一种不可再生资源，而且对它的开采也带来一些问题。

油页岩的开采有直接开采和间接开采两种。直接开采就是像普通采矿那样把油页岩开采出来，再经过加工与提炼。但是这种方式会带来环境污染的问题：首先是对生态和水体的

延伸阅读

油页岩主要包括油母、水分和矿物质。①油母。含量为10%～50%。油母含量越高，氢碳原子比大，则油页岩产油率越高。②水分。为4%～25%不等，与矿物质颗粒间的微孔结构有关。③矿物质。主要有石英、高岭土、黏土、云母、碳酸盐岩以及硫铁矿等。

污染和破坏;其次是提炼之后的灰渣会严重地污染环境;第三,采矿过的地方,会严重地破坏土地,而且这种破坏是不可恢复的。间接采矿就是在地下直接对油页岩矿进行加热和裂解,再把生成的页岩油抽取出来。它对环境的破坏相对比较小。

把油页岩从地底下开采出来再炼油非常麻烦，科学家已想出一个好办法:在地面打一些钻孔通到地下,用带孔的钢管插进油页岩里,然后对它发射一种频率很高的电磁波，依靠高频电产生的热,把油页岩中的有机质分解成页岩油和气体,使它沿着生产钻井跑到地面上来为人类服务。

延伸阅读

地球上分布可燃冰最多的地方是海底，但是人类最早发现的可燃冰并不是在海底。1960年，苏联在西伯利亚发现了可燃冰，并对这种奇特的“冰”进行了研究，到1969年已经开始投入到研发中。现在，世界各国都已经开始关注可燃冰，美国还把它作为国家发展的战略能源列入国家级长远计划。

可以燃烧的冰

在动画片《变形金刚》里面，正义的变形金刚为了保护地球上的人类与邪恶的变形金刚展开了激烈的搏斗。这些变形金刚不吃不喝，既不用地球上的石油，也不用煤、天然气这些地球上的化石能源，它们的生命只是需要依靠能量块的维护。在动画片里面，能量块是一种透明的像冰一样的物质，变形金刚们通过这些能量块就能够满足各种战斗需要的能量。很多人都认为这是科幻片中的场面，那么现实中有跟这种冰很像并且能够提供能量的物质吗？有，这就是可燃冰。

可燃冰是一种天然气的水合物。天然气的主要成分是甲烷，它在低温高压之下会跟水结合成甲烷水合物，一旦温度升高或者压力降低，甲烷就会逸出。可燃冰里面含有的能量相

当可观，1 立方米的可燃冰可在常温常压下释放出 164 立方米的天然气及 0.8 立方米的淡水。一旦温度超过 20 摄氏度，它就会立即瓦解，变成气体只留下一些水。

可燃冰主要分布在深度达 300 米以上的海底或者气候严寒地区的永久冻土中，同时压力还得足够大。在海底的环境下，温度低、压力大，是生成可燃冰的理想环境，在海底之下 1000 米的范围内都可以有可燃冰的存在。再往深处，由于地热的作用会破坏它的稳定结构，所以难以存在。

可燃冰是一种非常清洁的能源，被称为能源水晶。在能源资源越来越少，并且环境污染越来越严重的情况下，可燃冰被称为 21 世纪具有良好前景的后续能源，西方的学者把它称为“21 世纪能源”或“未来新能源”。

海底都有可燃冰吗？

> **延伸阅读**
>
> 现在已经探明，地球上的可燃冰资源分布非常广泛。在海洋底下，现在探明有116个巨大的可燃冰分布区域，这些区域合起来达4000万平方千米，占全球海洋总面积的1/4，可燃冰的矿藏矿层之厚、规模之大，是常规天然气田无法相比的。有科学家估计，仅仅是地球上的可燃冰，就能够让人类使用1000年。

可燃冰具有很多优点。作为一种新兴的能源，它在自然界中分布得广泛吗？人类的未来可以寄希望于它吗？

进入21世纪之后，全球对可燃冰的研究和勘探已经进入了高峰期，世界上至少有30多个国家和地区参与其中。为了研究这种新能源，国际上成立了由19个国家参与的地层深处海洋地质取样研究联合机构。

这个由众多国家参与成立的联合机构，有一艘非常先进的轮船，这个轮船可以从深海岩石中取样。通常，由50个科技人员驾驶着这艘装备有先进实验设备的轮船，从美国东海岸出发进行海底可燃冰勘探。这艘轮船共有7层船舱，装备着非常先进的实验设备，能用于研究沉积层学、古人种学、岩石学、地球化学、地球

物理学等。

可燃冰开发起来非常困难，当把一块可燃冰从海底搬上来的时候，由于压力减小，往往在到达海面的时候就分解了。如果开采不当，引起的灾难也是巨大的：可燃冰矿藏哪怕受到最小的破坏，都足以导致甲烷气体的大量泄漏，从而引起强烈的温室效应；陆缘海边的可燃冰开采起来十分困难，一旦出了井喷事故，就会造成海啸、海底滑坡、海水毒化等灾害。

以现在科技来说，可燃冰的大量开发特别困难，所以人类对可燃冰的利用还属于初级阶段。但随着科技的发展，相信在不远的将来，人类对可燃冰的开采会大规模展开。

知识的复习与拓展

油页岩和可燃冰的知识就介绍到这里。在了解了相关知识后，我们终于明白了看似不可思议的现象背后也隐藏着充满逻辑的科学原理。大家要好好学习，在掌握了强大的知识之后，尽可能多地解开人类目前为止依然没有破解的未解之谜！聪明的你请回答下面这些问题吧。

1. 可燃冰到底是怎么形成的呢？

2. 油页岩在生活中都有哪些用途呢？

3. 你还能找到油页岩和可燃冰之类有趣的资源吗？

海底宝藏——可燃冰

可燃冰是大自然为人类子孙后代备下的丰厚礼品，我国在南海发现了可燃冰。经初步判定，南海海底有巨大的可燃冰带，能源总量估计相当于全国石油总量的一半。

与石油和天然气相比，可燃冰的优点更为突出：1 立方米的可燃冰所释放的能量相当于 164 立方米的天然气。目前在全球公认的可燃冰总能量是所有煤、天然气、石油总和的 2～3 倍。

人们利用地震波探测海底地表反射，发现了南海区域有可燃冰存在。为此专家解释说，由于其特殊的物理性能，天然气和水也可以在温度 2～5 摄氏度内结晶，而南海海底 600～2000 米以下的温度和压力都很适合可燃冰的生成。

除了南海以外，在我国的东海也发现了可燃冰的踪迹。据悉，国家已经开始组织力量就全国可燃冰资源进行勘察。

冰与油的小测验

来测试一下，看你是不是对油页岩与可燃冰足够了解！

1.油页岩是岩石！

□是　□不是

2.油页岩不能提炼出石油来。

□是　□不是

3.能说出油页岩出现在哪里。

□是　□不是

4.知道油页岩可以用在什么地方。

□是　□不是

5.可燃冰是冰。

□是　□不是

6.可燃冰是一种天然气的水合物。

□是　□不是

7.可燃冰蕴含最广的是陆地。

□是　□不是

8.地球上的可燃冰，能够让人类使用 1000 年。

□是　□不是

9.对其他新能源知道得多。

□是　□不是

10.有向家人或朋友讲解过新能源的知识。

□是　□不是

题目	是	不是
1	+10 分	0 分
2	0 分	+10 分
3	+10 分	0 分
4	+10 分	0 分
5	0 分	+10 分
6	+10 分	0 分
7	0 分	+10 分
8	+10 分	0 分
9	+10 分	0 分
10	+10 分	0 分

总分在 60 分以下的同学：看来你平常对新能源的知识了解得很不足啊，应该多加强学习！

总分在 60～80 分的同学：你对资源的了解比较在行，但是建议应该更多地了解环保知识，参加环保活动。

总分在 90 分以上的同学：恭喜你，达到优秀成绩哇！你是资源环保小达人。

●可燃冰

你知道可以燃烧的冰吗？

我知道，是可燃冰。

这种事情你难不倒我的！

笨蛋，这是脑筋急转弯，把冰投进火里不就是“可以燃烧的冰”吗？

●炒菜

老师让我们做油页岩的实验。

我都准备好油页岩了。跟我来。

咦，岩石不见了！

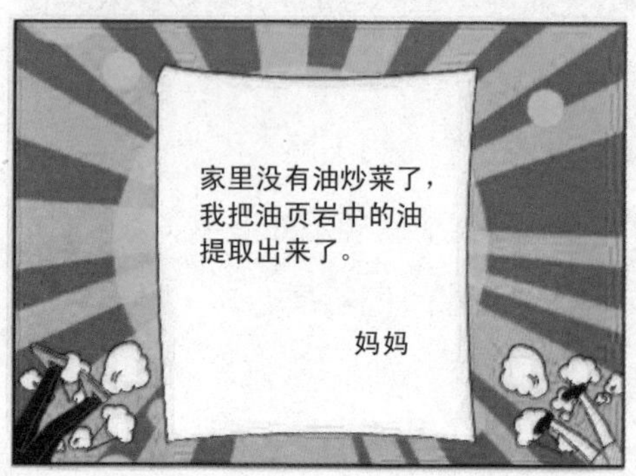
家里没有油炒菜了，我把油页岩中的油提取出来了。
妈妈

奇怪的资源

我看到过很多
奇怪的资源。

比如会燃烧的
石头！

那有什么？

会燃烧的冰我都
见过！

卖冰

给你说呀，我家里是
卖可燃冰的。

咦，这种东西还
有卖的吗？

有哇，有哇！

我爸穿潜水服去水
下挖来卖的呀！

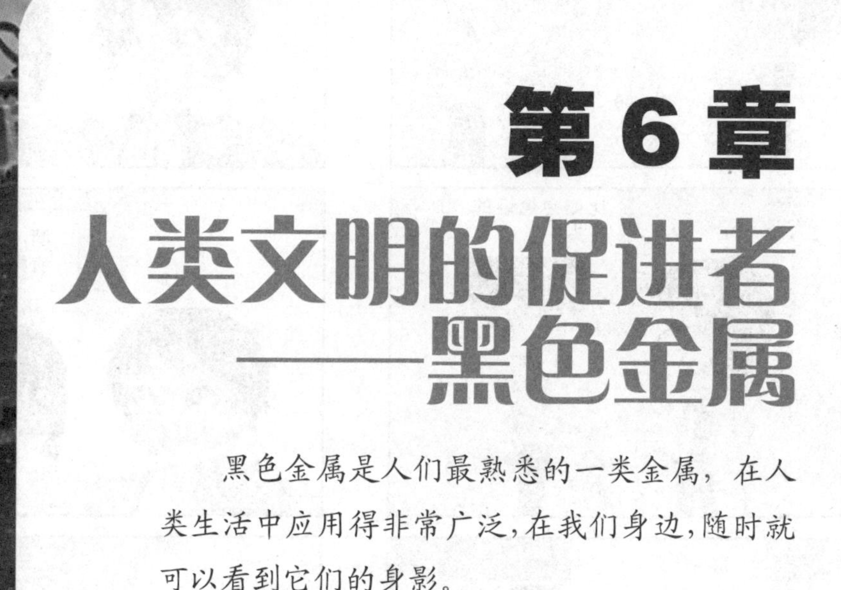

第6章 人类文明的促进者——黑色金属

黑色金属是人们最熟悉的一类金属，在人类生活中应用得非常广泛，在我们身边，随时就可以看到它们的身影。

黑色金属家族

课题目标

发挥你的调查才能，找到黑色金属家族的成员，并身体力行实施你的环保小建议。

要完成这个课题，你必须：

1.和家长、老师或者好朋友一起合作。

2.需要了解黑色金属都有哪些。

3.知道家族成员相互之间的关系。

4.身体力行，和朋友们一起做环保小卫士。

课题准备

可以与你的好朋友上网了解黑色金属的相关环保数据，观看专家讲座来了解黑色金属的特征。

检查进度

在学习本章内容的同时完成这个课题。为了按时完成课题，你可以参考以下步骤来实施你的调查计划。

1.查出黑色金属家族成员都有谁。

2.了解黑色金属是怎么产生的。

3.明白黑色金属被用在什么地方。

4.实施行动，做一个环保小卫士。

总结

本章结束时，可以和你的调查成员一起向父母、老师展示你的环保成果。

人类文明的促进使者——铁

在我们的生活中，随处可以看到各种铁质的物品。但是你对铁了解吗？铁对人类的重要意义你知道吗？

铁是地球上分布最广泛、最常用的金属之一，约占地球质量的 1/20，是地球上第四多的元素。在自然界中，虽然铁的含量非常多，但大多以化合物的形式存在，纯天然的铁只能在陨石中找到。

由于铁的熔点非常高，人类对铁的大规模应用在铜器之后，是人类发展史上的一个光辉里程碑，它把人类从石器时代、铜器时代带到了铁器时代，推动了人类文明的发展。有人认为，铁的出现，对人类封建社会的推动

铁是人类进步必不可少的金属材料。

作用，就跟蒸汽机对工业革命的推动一样。铁至今仍然是现代工业的基础，是碳钢、铸铁的主要元素，工农业生产中，装备制造、铁路车辆、道路、桥梁、轮船、码头、房屋、土建均离不开钢铁构件。

铁在地球上的分布这么广泛，那么对人类如此重要的铁，会有枯竭的一天吗？由于地球上的铁元素非常丰富，因此相对来说，暂时还不用担心铁资源枯竭。但是随着人类社会对铁的需求越来越多、越来越大，铁矿石也有一些相对的问题产生。

铁资源的主要问题集中在优质铁矿越来越少：一些含铁量高，容易冶炼的矿场越来越少。当地球表面能够被开采的铁矿石全部被开采尽的时候，即使地球上仍然还分布着大量的铁，因为开采困难，人类依然会面临铁资源枯竭的问题。

我国用铁矿石直接炼铁，早期的方法是块炼铁，后来用竖炉炼铁。春秋时代发明了铸铁柔化术。这一发明加快了铁器取代铜器等生产工具的历史进程。战国冶铁业兴盛，生产的铁器制品以农具、手工工具为主，兵器则是青铜、钢、铁兼而有之。

赋予铁多重身份的锰

铁可以说是人类最重要的金属了，各种各样的钢铁造就了我们多姿多彩的世界。汽车、火车、飞机、轮船、自行车等，许多交通工具都离不开铁。在我们的日常生活中，很多用品都有铁的存在。但是铁能够制造各种工具，满足各种需求，离不开一种重要元素的辅助——锰。

锰是地球上含量非常大的一种金属元素，纯净的锰是银白色的，质坚而脆，在潮湿处会氧化，生成褐色的氧化物覆盖层。在现代冶铁业中，锰是必不可少的一种元素。在炼铁的时候，由于铁水中可能会有气泡，有的时候有氧气泡，浇铸的时候，钢锭里会有一些孔隙影响钢的各种性质，所以在冶铁的时候，往往会往铁水中加入一些锰，用来消除铁中的氧。

在钢铁中加入合适比例的锰，就能生产出有特殊用途的锰钢，锰钢的脾气十分古怪而有趣：如果在钢中加入2.5%～3.5%的锰，所制得的低锰钢脆得简直像玻璃一样，一敲就碎。如果加入13%以上的锰，制成高锰钢，那么就变得既坚硬又富有韧性。高锰钢加热到淡橙色时，会变得十分柔软，很易进行各种加工。锰钢、锰铁以及锰与铜、铝、镍、钴等制成的各种合

金和锰的化合物在工业上用途极大。

锰元素在地球上的含量非常丰富，几乎所有的矿石和硅酸盐岩石中都含有锰。现在知道的锰矿物有 150 种之多，但是能大量富集起来形成有经济价值的锰矿物却只有 5～6 种，其中最重要、最有经济价值的是软锰矿和硬锰矿，另外还有水锰矿、褐锰矿、黑锰矿、菱锰矿等。这些矿物中锰的含量可达 50%～70%，是锰的重要工业矿物。

由于具有经济价值的锰矿物种类和数量都不是特别多，所以锰资源也是有限的。当锰矿被消耗完的时候，我们的生活、学习、工作用品也将会发生很大的变化。

现代科技中最重要的铬

大家知道，在我们的生活中，几乎处处都能看到铁的身影，但是你知道吗，铁之所以能有各种各样的用途，跟它的另外一个伙伴离不开，这个伙伴就是铬。铬被科学家称为是现代科技中最重要的金属，在很多地方，特别是制造特殊钢材的时候，铬是必不可少的。

铬是一种银白色的金属，非常坚硬，同时非常耐腐蚀，它在跟铁一起形成合金之后，可以把一部分自身的性质赋予铁。大家也许对铬非常陌生，但是对铬参与形成的各种金属肯定非常熟悉，例如厨房里的各种不锈钢餐具，家具上各种不锈钢的零部件，这些都有铬的参与。铬用于制不锈

钢、汽车零件、工具、磁带和录像带等。铬镀叫可多米,可以防锈,也坚固美观。

相对于铁、铜、锡这些人类发现的历史比较长的金属,铬是人类最近才发现的一种特殊金属。1797年,法国化学家沃克兰在西伯利亚红铅矿(铬铅矿)中发现一种新元素,次年用碳还原,得金属铬。因为铬能够生成美丽多色的化合物,根据希腊字 chroma(颜色)将其命名为 chromium。

铬在地球上的分布非常广泛,但是富集起来能成为可以开采的矿石的并不多。中国是一个铬矿比较缺乏的国家,大部分的工业用铬都需要从国外进口过来。跟各种金属资源一样,铬矿也是非常有限的,当铬资源枯竭的时候,我们生活中的很多漂亮的物体就不会再存在了。

铬的读音是:gè,但在现实中,工厂的老师傅通常将其读作 luò。造成这种现象的原因,有一种说法说是为了区别于化学元素里的镉(gé),而采用这种读音。

越用越少的黑色金属

从未来 20 年世界矿物原料的保证程度看，大多数矿产不存在问题。从主要金属矿产的静态保证年限看，铁矿石储量可保证生产 128 年，铜矿储量可保证生产 32 年，镍矿储量可保证生产 49 年，钨矿储量可保证生产 47 年，钾盐储量可保证生产 276 年。保证年限偏紧的有锌（24 年）、锡（21 年）、铅（21 年）、金（19 年）、银（15 年）和锰（14 年）。

在储量、储量基础和资源量三级分类中，最具现实意义的是储量。但应看到，储量是个动态概念，市场价格的提高会使本来开采无利可图的矿石变得有利可图，这部分储量基础会自动升级为储量；价格的提高还会使勘探投入不断增加，从而发现新的矿山，增加储量基础乃至储量。此外，依靠科技进步可以发现新的成矿带，提高低品位、难处理矿石的处理能力，从而增加矿石储量。

很多业内专家认为，未来绝大多数矿产储量的增长速度仍将高于这些矿产的开采速度，因为从世界范围看，发现新矿床的潜力还是很大的，许多地区的地质研究和地球物理研究程度还不够。目前，勘探储量与开采量相比的静态保证年限，今后 10～20 年仍将保持较高水平。

世界经济复苏，固定资产投资增加，加上受政治因素和投机资金炒作的影响，能源和原材料需求强劲增长，矿产品供不应求，主要矿产品价格普遍攀升，矿产品价格创多年来最高记录是 2004 年世界矿业的一个明显特征。中国经济飞速增长致使需求量猛增被认为是造成这种局面的首要原因。据英国商品研究机构统计，2004 年全球粗钢产量 10.36 亿吨，首次突破 10 亿吨，其中中国粗钢产量占亚洲 1/2，占世界的 1/4。2004 年年初，控制全球 80%铁矿石贸易量的淡水河谷公司、里奥廷托公司和 BHP 比利顿公司宣布，把他们 2004～2005 年生产的主要铁矿石产品价格提高 18.62%。这 3 家公司还相继把产量提高了 9%左右。

世界铁矿石储量可保证生产 128 年。

知识的复习与拓展

黑色金属是人类社会不可获取的元素，有了它，人类的文明才能一步一个脚印地持续发展。人类越来越依靠它，但是它在地球上的数量却越来越少了！我们要珍惜这种资源，合理利用它，才能让它更好地为人类社会服务！请回答下列三个问题。

1. 黑色金属究竟指的是什么？

2. 你能说出黑色金属的性质与特点吗？

3. 黑色金属被用在什么地方，请你数一数吧。

魅力迷人的黄金

黄金即金，化学元素符号 Au，是一种金黄色抗腐蚀的贵金属。黄金是最稀有、最珍贵的金属之一。

黄金的颜色是金黄色，它的美可与太阳相比，耀眼无比，光芒四射。当黄金被熔化时发出的蒸汽是绿色的；冶炼过程中的金粉通常是啡色；若将它铸成薄薄的一片，它更可以传送绿色的光线。

黄金的延展性异常得强。其超强的延展性令它易于铸造，而且黄金不容易发生化学变化，是制造首饰的最佳选择。

黄金还具有可锻性。可以造成极薄、易于卷起的金片。古代人将它锤成薄片，来做成庙宇和皇宫上面的装饰。这些都可以说明黄金极强的柔韧性和可锻性。

寻找黑色金属

带上你的手机，和好朋友一起到公园或者小区里走一走，看到金属用品就用手机把它拍下来，整理一下，和朋友一起分析所拍摄的物品都是什么东西，是由什么材质制成的。

恨铁不成钢

我爸爸老说我是铁。

老说让我跟隔壁成绩好的王刚学习。

这不正是那句俗话吗?

恨铁不成钢啊!

缺心眼

医生说我缺钙!

妈妈说我缺铁!

同学说我缺锌!

不是缺锌,是缺心眼!

●铁锅的妙用

我家的铁锅炒菜最香了！

现在谁还用铁锅，都用不锈钢的！

哼，少得意忘形了！

我的铁锅呢？看我不砸扁你！

●哭

别哭了，我刚从你家开的铁艺店里出来，我才想哭呢！

我家的店怎么样？

你家的铁艺连防锈都没做。

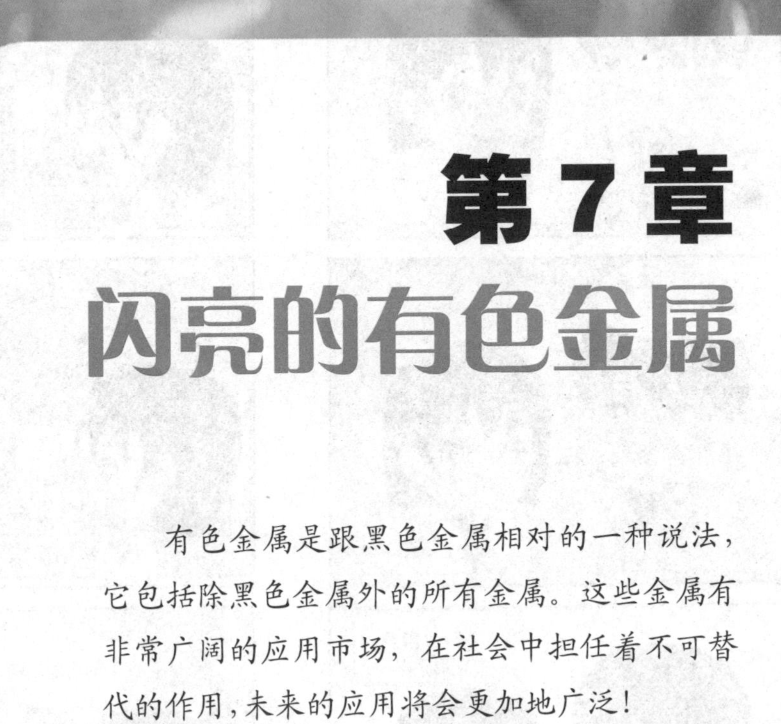

第7章 闪亮的有色金属

有色金属是跟黑色金属相对的一种说法，它包括除黑色金属外的所有金属。这些金属有非常广阔的应用市场，在社会中担任着不可替代的作用，未来的应用将会更加地广泛！

五光十色的金属

课题目标

发挥你的调查才能，找到颜色不同的有色金属，并身体力行实施你的环保小建议。

要完成这个课题，你必须：

1.和家长、老师或者好朋友一起合作。

2.需要了解有色金属都有哪些。

3.了解有色金属的用途。

4.和朋友们一起做环保小卫士。

课题准备

可以与你的好朋友上网了解金属种类的相关环保数据，看看哪些是有色金属，哪些是黑色金属。

检查进度

在学习本章内容的同时完成这个课题。为了按时完成课题，你可以参考以下步骤来实施你的调查计划。

1.查出有色金属的种类。

2.了解这些金属的用途。

3.了解有色金属被应用的历史。

4.做一个环保小卫士。

总结

本章结束时，可以和你的调查成员一起向父母、老师展示你的环保成果。

人类大规模利用的第一种金属——铜

在动画片《圣斗士星矢》中，圣斗士们穿着各种各样的圣衣，与各种邪恶势力战斗。他们最先穿的神奇的圣衣就是青铜圣衣。铜是人类大规模利用的第一种金属，在史前时代，人们就已经开始大规模地开采铜矿了。铜的使用对人类早期文明的进步影响深远，是过渡金属的一种，纯净的铜呈紫红色。

自人类从石器时代进入青铜器时代以后，青铜被广泛地用于铸造钟鼎礼乐之器，如中国的稀世之宝——商代晚期的司母戊鼎就是用青铜制成的。所以，铜矿石被称为“人类文明的使者”。铜在地球上的含量并不高，只有十万分之七，但是在铜矿床的表面，往往覆盖着一层纯度达 99% 以上

的紫红色自然铜，它质软，富有延展性，稍加敲打即可加工成工具和生活用品，所以铜成为人类历史上第一种被广泛使用的金属。

铜与人类的关系非常密切，被广泛地应用于电气、轻工、机械制造、建筑工业、国防工业等领域，在中国的有色金属材料消费中，仅仅比铝少一些。应用最多的是在电气、电子工业中各种电缆和导线、电机和变压器、开关以及印刷线路板的制造。在机械和运输车辆制造中，用于制造工业阀门和配件、仪表、滑动轴承、模具、热交换器和泵等。

自然界中的铜，大多都是铜的氧化物和硫化物。地球上铜矿石最多的国家是智利，它的铜矿石的储量约占全球的1/3。但是地球上铜矿并不是特别富足，再加上科技的发展，对它的需求越来越多，铜矿石也有被开采完毕的一天。

铜是一种化学元素，是一种过渡金属，呈紫红色光泽。密度为8.92克每立方厘米。熔点为(1083.4±0.2)摄氏度，沸点为2567摄氏度，电离能为7.726电子伏特。

铜是被人类发现最早的金属之一，也是最好的纯金属之一，稍硬、极坚韧、耐磨损。

轻金属——铝

你知道飞机是用什么制造的吗？在飞机上，哪一种金属最多？很多人可能会说是钢铁，也有些人看见飞机闪着银光，会觉得飞机是用不锈钢制造的，实际上，制造飞机需要用的最多的金属是铝。

铝是一种银白色的轻金属，具有非常好的延展性。一般情况下，铁在潮湿的空气中会迅速地腐蚀，生成红色的铁锈，最终把整块铁都锈蚀掉。但是，铝在潮湿的空气中会形成一层氧化膜，阻止其进一步的腐蚀。铝粉和铝箔在空气中能够点燃，发出非常耀眼的白色火焰。

铝元素在地壳中的含量仅次于氧和硅，居于第三位，是地壳中含量最丰富的金属元素。现代三大重要工业，航空、建筑、汽车的发展，要求材料特性都具有铝及其合金的独特性质，这就大大有利于铝的生产和应用。铝及铝合金是当前用途十分广泛的、最经济适用的材料之一。世界铝产量从1956 年开始超过铜产量，一直居有色金属前列，是人类使用的仅次于钢

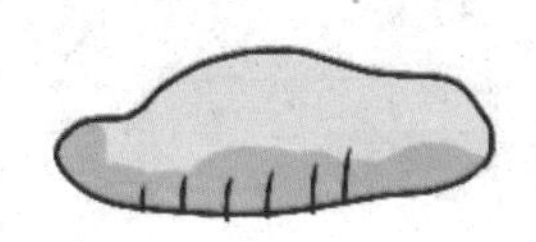

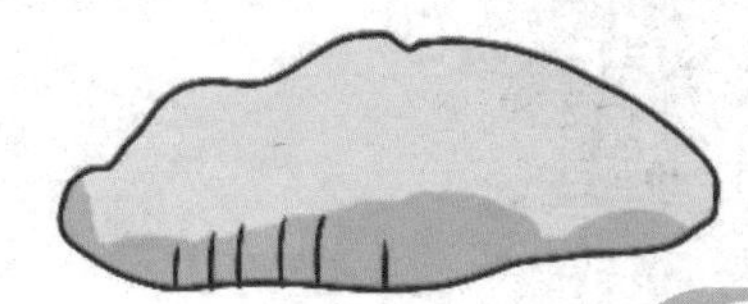

材的第二大金属。

铝的一些特性和用途：

铝的密度很小，它比较软也比较轻，可制成各种铝合金用于航天等制造工业。

铝的导电性仅次于银、铜和金，且有一定的绝缘性，所以铝在电器制造工业、电线电缆工业和无线电工业中有广泛的用途。

铝是热的良导体，它的导热能力比铁大3倍，工业上可用铝制造各种热交换器、散热材料和炊具等。

铝的表面因有致密的氧化物保护膜，不易受到腐蚀，常被用来制造化学反应器、医疗器械、冷冻装置等。

铝在氧气中燃烧能放出大量的热和耀眼的光，常用于制造爆炸混合物、燃烧混合物和照明混合物。

铝具有吸音性能，音响效果也较好，所以广播室、现代化大型建筑室内的天花板等也采用铝。

延伸阅读

铝是一种轻金属，密度小。由于地球吸引力的作用，要求飞机质量越轻越好。飞机越轻，飞得越高、越快、越远，装载量越大。但是铝的强度低，好在飞机在空中飞行，不会碰到别的物体，所以，飞机的蒙皮大部分是用铝合金压制的。还有前机匣，飞机框架，肋条等，铝合金材料占飞机用料的50%～70%。

像水一样能流动的金属——汞

一提起金属,大家就会有坚硬、冰冷的感觉。但是你知道吗,有一种金属却是像水一样,在常温下以液体的形式存在,这种金属就是我们平时说的水银。

水银学名叫作汞,是一种银白色的液体金属,经常出现在各种电影镜头当中,在现实中大家见得并不太多。但是用水银制成的一些常见工具大家一定见过,比如体温计。体温计下端的银色玻璃泡里,装的就是水银。

汞是各种科学仪器中经常用到的,例如电学仪器、控制设备、气压计等。紫外线灯中也装有水银蒸气,当水银蒸气通过电流的时候,就会发出紫外线,可以用来对环境消毒。汞的用途较广,在总的用量中,金属汞占30%,化合物状态的汞约占70%。

在冶金工业中,人们常常把其他金属放到汞里面,使其他金属融化,形成汞齐(即汞合金,亦称为软银)。汞齐用来提取其他金属,如金、银和铊等。化学工业用汞作阴极以电解食盐溶液制取烧碱和氯气。

汞的用途较广,常用于制造科学测量仪器(如气压计、温度计等)、药

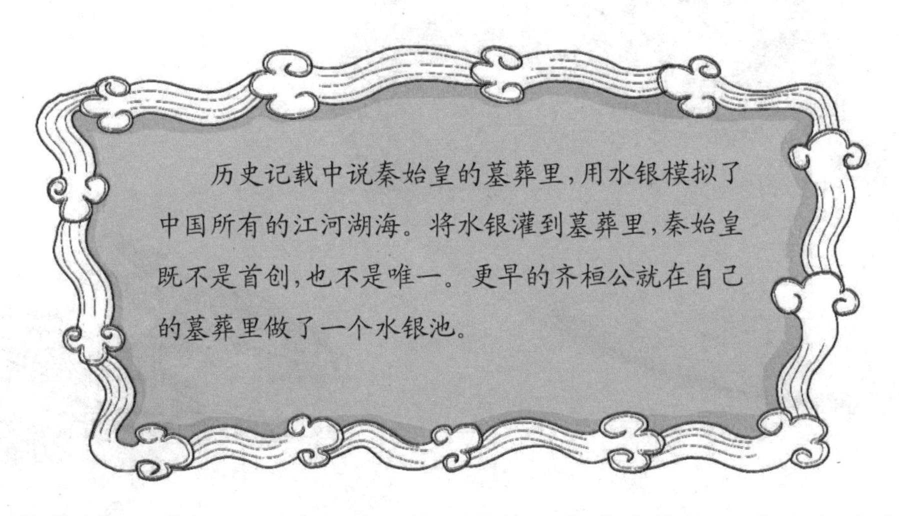

物、催化剂、汞蒸气灯、电极、雷汞等。汞的一些化合物在医药上有消毒、利尿和镇痛作用，汞银合金是良好的牙科材料。在中医学上，汞用作治疗恶疮、疥癣药物的原料。汞还可用作精密铸造的铸模和原子反应堆的冷却剂以及镉基轴承合金的组元等。

汞在自然界中的含量非常小，被认为是稀有金属。但是人们很早就发现了汞，天然的硫化汞又被称为朱砂，由于具有鲜红的色泽，因而很早就被人们用作红色颜料。根据殷墟出土的甲骨文上涂有的丹砂，可以证明中国在有史以前就使用了天然的硫化汞。

比黄金还贵重的金属——铂

在珠宝首饰店,各种华贵精美的珠宝看得人眼花缭乱。金银都是人们非常熟悉的贵重金属,特别是黄金,一般都是作为财富的象征。但是如果要在店里面打听最贵重的金属首饰的话,店员们往往会给我们介绍另外一种比黄金还要贵的金属首饰,那就是铂金。

铂金是地球上非常稀缺的一种贵金属元素,色泽纯白。它的性能非常优越,用途也非常广。由于非常稀缺,一般在珠宝首饰业中,主要用作装饰品和工艺品。这是由于铂金具有独特的性能。首先,铂金对人体的皮肤非常安全,现在还没有人因为接触铂金而皮肤过敏的现象,是一种最安全的金属。其次,铂金非常稳定,在制作钻石首饰的时候,如果采用黄金的话,时间久了,会发现钻石发黄,影响光泽度,而铂金则不会出现这种问题。

铂金被称为金属之王。自从 1751 年,瑞典科学家特非尔·西佛将铂金归类为贵重金属之后不久,铂金就成为皇家的最爱。18 世纪 80 年代,法国国王路易十六宣布它是唯一适合国王的金属，他的珠宝匠马克·艾提尼·坚尼提为他设计了几款铂金制品，其中包括一件华丽的糖罐碗。

铂金除了作为珠宝首饰有优良的品质外，在工业中也能大展神威。由于太空中的特殊环境，宇宙飞船上的航天员需要特殊的宇航服，就需要用到铂金。铂金还有很重要的军事用途，在二战期间，美国政府一度禁止铂金的非军事用途。铂金可以用来制作心脏起搏器，插入人体。潜水用的防水手表，也需要用铂金来制作。

铂金的矿藏在地球上非常少，现在统计到的地球上的总体储量只有大约 1.4 万吨，世界铂金的年产量仅 85 吨，远比黄金少。

知识的复习与拓展

本章讲解了什么是有色金属,以及有色金属的应用及历史,学过了本章知识,你一定会对有色金属有了广泛的了解。在当今社会,我们必须更加努力地学习,才能更好地运用资源,合理地使用这些资源。请回答下面三个问题:

1. 铂金是什么颜色的?

2. 汞是水银的学名,除了重要之外,它有什么负面作用?

3. 简述铝被应用的历史。

铂金的“白银时代”

作为今天最时尚首饰材料的铂金,曾有过一段荒唐的“白银时代”:“白银”不是在比喻的意义上使用,而是铂被当成了银。

16世纪初,一支西班牙探险队在南美平托河流域发现了金矿,在开采黄金的过程中,他们发现矿物里有一种貌似白银的重金属与黄金伴生,这种白色金属熔点比白银还高,很难提炼,特别是从精金矿中提炼黄金时总是被这种白色之物干扰。

于是,西班牙人把铂当作黄金生产的附产品回收运回国内,以比白银低得多的价钱卖给当地的首饰作坊。首饰匠们把铂称为“劣质银”,将它掺入黄金和白银中,制造含有铂的“假黄金”与“假白银”出售,让客户们吃了大亏。

这件事令西班牙国王很愤怒,他下令禁止从南美运回这些“劣质银”,并在全国范围内广泛搜缴这种“劣质银”装到船上,将这些价值连城的铂金全部倾倒入海洋之中。这些铂金就这样被白白浪费了!

大家都喜欢的宝贝

有一些宝贝,大家都喜欢。下面这些宝贝你认识吗?用线将对应的文字和图片连起来吧。

黄金

铂金

宝石

玉石

珍珠

加水的银子

我想要钱，想要银子！

没有钱，不过我有加了水的银子。

是吗，快拿给我！

连汞你也要！

尊重历史

最近的古装剧越来越好看了。

古装剧都不尊重历史。

胡说，你举个例子。

古代的青铜器是金黄色的！

●能喝的金属

我找到了能喝的
铝制金属！

大家猜猜是什
么东西？

是铝金属的液
体状态吗？

不，是易拉罐！

●谁更有钱

我家有祖传的青
铜器，可值钱了。

我家有铂金钻
戒，更值钱。

我家的都比你们
值钱！

我妈开珠宝店，我爸
开古董店！

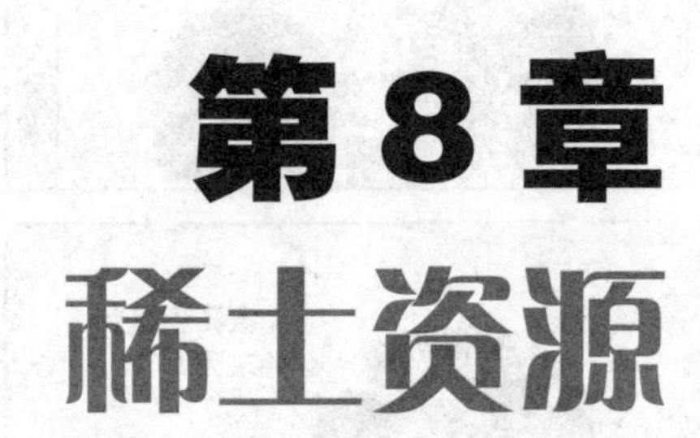

经常会在新闻里听有到关稀土资源的报道，那么稀土资源究竟是什么，它与我们人类的生活和生产又有怎样的关系呢？大量地开发稀土会对环境和植被造成怎样的危害呢？想要了解这些事情，就请跟随我一起来吧！

探索神秘的稀土

课题目标

发挥你的调查才能，探索神秘的稀土资源，并身体力行实施你的环保小建议。

要完成这个课题，你必须：

1.和家长、老师或者好朋友一起合作。

2.需要了解什么是稀土资源。

3.了解稀土资源的开发过程。

4.思考一下过度开发稀土资源的后果会怎样。

课题准备

可以与你的好朋友上网了解稀土的相关知识。认真听课，了解国际对于开发稀土的评价。

检查进度

在学习本章内容的同时完成这个课题。为了按时完成课题，你可以参考以下步骤来实施你的调查计划。

1.知道稀土的性质与特点。

2.了解稀土被发现与开发的历史。

3.知道稀土开发对环境的污染。

4.宣传珍惜稀土资源。

总结

本章结束时，可以和你的小伙伴们一起向父母、老师展示你的环保成果。

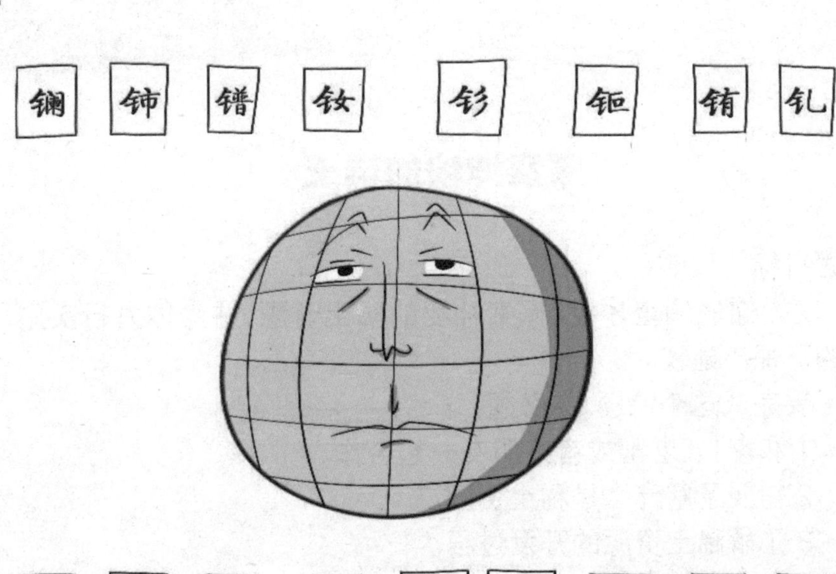

铽 镝 钬 铒 铥 镱 镥 钪 钇

稀土是什么土?

大家经常在电视新闻里看到稀土的影子，一会儿是一些外国的国家指责中国发起稀土战争啦,一会儿是稀土提炼的时候污染环境啦。那么稀土到底是什么？它是土吗？如果仅仅是土的话,又为什么那么珍贵呢?

稀土是镧系元素和其他与镧系元素联系密切的两种元素的统称。稀土看上去非常地平凡普通,就像是一种奇特的土,但是它们却都是金属。那么它们为什么被称为稀土,它们的名字是如何来的呢?

稀土一词是历史遗留下来的名称。最早的稀土元素是 18 世纪末发现的,当时,人们常把不溶于水的固体氧化物称为土。而地球上的稀土大多都是以固体氧化物的形式存在的。稀土元素在地球上的总体含量并不是非常小，但是冶炼提纯难度较大，而且这些现代工业的必需品都比较分

散，富集成可以开采的矿产的并不多，相对而言显得较为稀少，所以人们就称它们为稀土，并流传到现在还在用。

稀土一共包含 17 种元素，分别为：

镧、铈、镨、钕、钷、钐、铕、钆、铽、镝、钬、铒、铥、镱、镥、钪、钇。

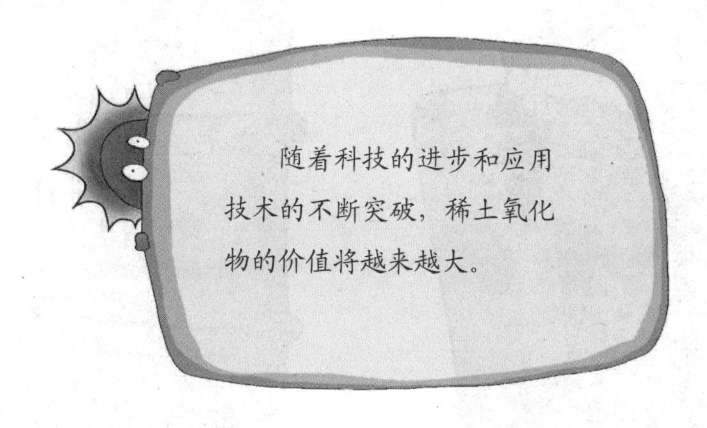

工业维生素

维生素是人体必需的一些元素，人们对它们的需求量虽然不大，但是它对于人们的健康却是必不可少的，如果身体里缺乏了某一种维生素，人们就会得一些相应的疾病。所以我们平时吃饭的时候，会非常注意对维生素的补充。但假如我要说，钢铁也需要吃维生素，你相信吗？

在工业中，稀土元素就像是维生素，虽然用量不大，但是对一些特殊用途的材质却是必不可少的。稀土元素在石油、化工、冶金、纺织、陶瓷、玻璃、永磁材料等领域都得到了广泛的应用。

稀土元素用在军事工业中，能够大幅度地提高其他产品的性能和质量，大幅度地提高用于制造坦克、飞机、导弹的钢材、铝合金、

镁合金、钛合金的战术性能。在冶金工业中，将稀土金属或氟化物、硅化物加入钢中，能起到精炼、脱硫、中和低熔点有害杂质的作用，并可以改善钢的加工性能；稀土硅铁合金、稀土硅镁合金作为球化剂生产稀土球墨铸铁，由于这种球墨铸铁特别适用于生产有特殊要求的复杂球铁件，被广泛用于汽车、拖拉机、柴油机等机械制造业；稀土金属添加至镁、铝、铜、锌、镍等有色合金中，可以改善合金的物理化学性能，并提高合金室温及高温机械性能。

稀土元素在石油化工、玻璃陶瓷、新材料和农业中都有独特的应用，它们能够大幅度地提高材料的性能。比如在制作磁铁的时候加入稀土，就能够大幅度地提高磁力。在液氮里，一些稀土元素能够形成超导体，使超导材料的研制取得突破性进展。在制造相机镜头的时候，在玻璃中加入稀土元素，可以制造出高度清晰的镜头。

稀土有多“稀”

> **延伸阅读**
>
> 中国是稀土资源大国，现在已经探明的储量有 6588 万吨，在世界上居第一位。中国的稀土资源不仅量大，而且里面所含有的元素也比较丰富。中国是世界上唯一一个可以提供所有 17 种元素的国家。美国、加拿大、印度、南非等国家也有可供开采的稀土矿。

稀土不是一种普通资源，它是一种战略资源，在很多关键技术中起关键作用。例如在航空航天等高科技中，在导弹、飞机发动机制造、精确打击武器制造等方面，都有独特的作用。

稀土资源在地球上的储量并不丰富，而且分布极不均匀，富集成矿的稀土矿更不多。中国是为数不多的具有丰富稀土矿资源的国家之一。

中国的稀土矿虽然丰富，但是存在着严重的混乱开采的现象，商务部称中国稀土储备仅能维持 20 年，中国稀土储量在 1996–2009 年间被开采了 37%，只剩 2700 万吨。按现有生产

速度，我国的中、重类稀土储备仅能维持 15～20 年，之后有可能需要进口。

稀土作为现代高科技工业中最必不可少的资源，在世界贸易中，一直占有独特的地位。国际贸易界就有这样的抱怨：中国把稀土卖成了土的价格。国内各个地方为了部门利益或地方利益，没有协调，争相压价，争相出口，把我们的自然资源消耗得过快。由于中国稀土多年大量出口，导致欧美等国每年都以极其低廉的价格进行囤积。

稀土的应用

延伸阅读

研究结果表明，稀土可以增强光合作用，提高植物的叶绿素含量，促进根系发育，增加根系对养分的吸收。稀土还能促进种子萌发，提高种子的发芽率，促进幼苗生长。除了以上主要作用外，还具有增强某些作物抗病、抗寒、抗旱的能力。

稀土的军事用途

稀土有工业“黄金”之称。由于其具有优良的光电磁等物理特性，能与其他材料组成性能各异、品种繁多的新型材料，大幅度提高其他产品的质量和性能。比如大幅度提高用于制造坦克、飞机、导弹的钢材、铝合金、镁合金、钛合金的战术性能。而且，稀土是电子、激光、核工业、超导等诸多高科技的润滑剂。稀土科技一旦用于军事，必然带来军事科技的跃升。从一定意义上说，美军在冷战后几次局部战争中能够压倒性控制战局，很大一部分原因是因为在稀土科技领域的超人一等。

冶金工业的应用

将稀土金属或氟化物、硅化物加入钢中，能起到精炼、脱硫、中和低熔点有害杂质的作用，并可以改善钢的加工性能；稀土硅铁合金、稀土硅镁合金作为球化剂生产稀土球墨铸铁，由于这种球墨铸铁特别适用于生产有特殊要求的复杂球铁件，被广泛用于汽车、拖拉机、柴油机等机械制造业中；稀土金属添加至镁、铝、铜、锌、镍等有色合金中，可以改善合金的物理化学性能，并能提高合金室温及高温机械性能。

石油化工

用稀土制成的分子筛催化剂，具有活性高、选择性好、抗重金属中毒能力强的优点，取代了硅酸铝催化剂用于石油催化裂化的过程；在合成氨生产过程中，用少量的硝酸稀土为助催化剂，其处理气量比镍铝催化剂大1.5 倍；在合成顺丁橡胶和异戊橡胶过程中，所获得的产品性能优良，具有设备挂胶少，运转稳定，后处理工序短等优点；复合稀土氧化物可以用作内燃机尾气净化催化剂，环烷酸铈还可用作油漆催干剂等。

应用发展

稀土在战略性新兴产业和国防工业中的应用，是其战略价值的重要体现。据了解，从 2011 年 8 月调整以来，我国稀土价格已经持续调整大约17 个月，下跌幅度超过 80%，目前的稀土价格已经逼近甚至低于企业的成本线。这样的价格水平既不利于行业的发展，也不利于稀土资源的合理开发和利用。

知识的复习与拓展

稀土是中国乃至全世界最稀缺的资源，相信读了本章的知识，你会对稀土之所以”稀“有更加深刻的了解。在我们居住的地球上，稀土的总量是既定的，什么时候用完，什么时候人类就要永远与它说再见了，所以如何尽可能长期地运用稀土便是当务之急。请回答下列三个问题：

1. 哪个国家是世界上稀土含量最多的？
2. 稀土又被称为钢铁的什么？
3. 稀土中共包括了多少种元素呢？

中国稀土的发展现状

中国是敞开了门不计成本地向世界供应稀土。对比这些年国际铁矿石、石油价格不停地翻倍增长，中国稀土的浪费让人困惑。

稀土开采属于重污染行业。越来越多的人建议应当对稀土企业收取高额的资源税、环保税，不能为了让资源出口，而把污染留给国内。

我们要利用规则进行博弈，控制国内市场，提高资源价格并且建立国家的战略储备，国内使用稀土的企业，可以进行高科技的补贴。这才是符合国际游戏规则的措施，才是利用规则维护国家根本利益的关键。

稀土中毒

适量的稀土元素对植物生长具有广泛的促进作用，对动物机体功能有调节作用，对人体有抑制肿瘤的作用。在农业领域，稀土起到提高产量、改善品质和提高农作物抗病能力等多重效应。而媒体一则《铁观音稀土超标，过量摄入对人体有害》的报道，使稀土的负面效应开始进入人们的视野。

由茶叶稀土超标话题所引发，人们想知道稀土接触的"安全剂量"。人类稀土元素的日允许摄入量一般以动物慢性毒性试验的最大无作用剂量除以安全系数得到。有研究者提出，对一个体重 60 千克的成年人，每日从食物中摄入的稀土不应超过 36 毫克；也有人提出，重稀土区和轻稀土区成人居民的稀土摄入量为 6.7 毫克 / 天和 6 毫克 / 天时，怀疑出现了中枢神经系统检测指标异常。

有研究结论的报道证实，稀土元素为人体非必需微量元素。镧离子与钙离子相近似，对人体骨骼有很高的亲和性，可能取代骨中的钙离子，势必对骨骼钙磷代谢产生影响。研究者以定量的低剂量硝酸镧灌胃饲养大鼠 6 个月后，对镧在骨中蓄积引起的骨结构变化进行了研究，结果显示大鼠长期摄入低剂量硝酸镧可导致在骨中蓄积，引起骨微结构改变。

由此看来，稀土中毒已成为食品安全的新问题。

稀有

今天是你扫的地？

不是我！

是我呀！

是你？这简直像稀土一样稀有！

挡路

你挡着我的路了！

这地方不是你们家开的，
你又没在这里开煤矿！

稀土大亨

怎么这么悲伤呀？

我家地下发现稀土了，房子要被拆了！

恭喜你，以后你们家就是稀土大亨了！

哭的原因

稀土是价值很高的资源。

第二天

你找到稀土矿了还哭什么？

我刚找到稀土矿，就被国家收走了！

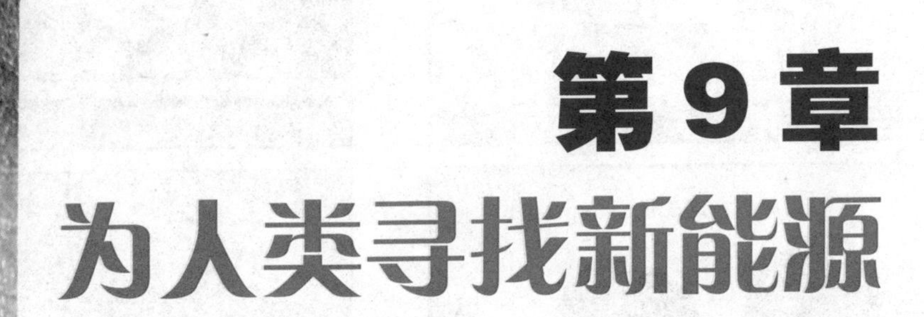

第9章 为人类寻找新能源

地球上的资源越来越匮乏，人类对各种资源的需要却越来越多。当这些资源全部被开采完毕时，人类怎么办，还能够生存下去吗？

寻找拯救世界的新能源

课题目标

发挥你的侦探才能，找到新能源，并身体力行实施你的环保小建议。

要完成这个课题，你必须：

1.和家长、老师或者好朋友一起合作。

2.需要了解目前有哪些新能源。

3.知道这些新能源的应用前景。

4.和朋友讨论你喜欢哪些新能源。

课题准备

可以与你的好朋友上网了解新能源的相关数据，也可以和家人一起去科技馆观察新能源的展示。

检查进度

在学习本章内容的同时完成这个课题。为了按时完成课题，你可以参考以下步骤来实施你的侦探计划。

1.学习新能源的性质和特征。

2.了解新能源是如何产生的。

3.知道新能源被用于哪些领域。

4.实施行动，做一个环保小卫士。

总结

本章结束时，可以和你的伙伴们一起向父母、老师展示你的环保成果。

在空气中为人类寻找新的能源

延伸阅读

风蕴含的能量有大有小，风力越大，能量也越大。为了更好地利用风，人们对风进行了分级，目前国际通用的分级标准是蒲福风级标准。蒲福氏是英国的一名海军上将，为了更好地研究海洋上的风，他在1805年首创了风力分级标准，最开始仅仅在海上应用，后来推广到陆地上，并经多次修改，最终形成了现在国际上通用的风级。

空气无处不在，地球上的资源越来越匮乏，如果能在空气中寻找到能源就再也不用怕能源匮乏了。事实上，现在人们虽然没有在空气中寻找到新能源，但是却在空气的运动中寻找到了能源利用的方式，这就是风能。

风是由空气的流动造成的，它蕴藏着巨大的能量。上千年前，人们就利用风能为人类服务了，灌溉、磨面、舂米，用风帆推动船舶前进。荷兰人很早就利用风能推动巨大的风车转动，再由风车带动其他的工具转动。我们到荷兰旅游的时候，会看见非常多的各式各样的风车，它们很早就给人类带来了很多的便利。人们虽然对风能利用了非常长的时间，但是相关技术却一直没有任何进步。1973年世界石油危机以来，在常规能源告急和全球生态环境恶化的双重压力下，风能作为新能源的一部分才重新有了长足的发展。现在人们利用风能的主要方式是在风能比较丰富的地方，安装很多巨大的风车，这些风车可以带动发电机发电。

风能作为新能源来说，有很多明显的优点：它是一种无污染可以再生的新能源，只要地球上有空气，有太阳的照射，就一定会有风的形成，可以说它是一种取之不尽的新能源。风能发电不会产生任何污染，也不会对环境造成任何破坏。

风能的利用有着巨大的潜力，特别是在沿海岛屿，交通不便的边远山区，地广人稀的草原牧场，以及远离电网和近期内电网还难以达到的农村、边疆，作为解决生产和生活能源的一种可靠途径，有着十分重要的意义。

大海提供的资源

海洋占了地球表面积 70%以上，人们在陆地上的资源越来越匮乏，很多人便将目光投向了大海，希望能够从大海中寻找到有用的能源。

现在科学家对海洋的勘探表明，海洋中含有非常多的丰富能源。比如说我们前面讲到的可燃冰，它作为能源够地球上的人类使用 1000 年；日本科学家还在海底发现了大量的稀土资源，据说是我国稀土资源储量的 1000 倍；海洋中有丰富的常规能源，海底有石油 1350 亿吨，还有大量的煤、铁矿石等固体资源。未来，随着对海洋的探索，海洋还会给我们提供更多的能源财富。

海洋中的宝贵财富有多少，谁也说不上来，但是现在大家公认的可以从大海中利用的一种新的能源形式，就是潮汐能。

由于月球的引力作用，地球的海水定期地涨潮退潮，在这潮涨潮落之间，蕴藏着巨大的能量，这种能量是永恒的、无污染的。很多国家现在正在研究如何利用这种能量。潮汐能最平凡的利用形式是发电。潮汐发电是利用海湾、河口等有利地形，建筑水堤，形成水库，以便于大量蓄积海水，并在坝中或坝旁建造水利发电厂房，通过水轮发电机组进行发电。据海洋学家计算，世界上潮汐能发电的资源量在 10 亿千瓦以上。这可是一个天文数字。

大海中还蕴藏着很多新的能源，并且它们的蕴藏量都是巨大的。但是目前，海洋的污染问题越来越严重，赤潮、固体污染等事件层出不穷，如果我们对海洋不加以保护，一旦海洋死去，地球上的所有生命都会逝去。

潘多拉的盒子——核能

在希腊神话中，有一个神叫作普罗米修斯，他看到人类在大地上受到的苦难，心里非常难受，为了拯救人类，就偷偷从天上偷来“火”，带到了人间。火给人类带来了非常大的好处，可是宇宙的神宙斯非常恼怒，为了抵消火带给人的好处，他就让其他的神用泥土做了一个叫作潘多拉的女人。宙斯给潘多拉一个密封的盒子，里面装满了祸害、灾难和瘟疫，让她送给娶她的男人。潘多拉来到人间，受到好奇心的驱使，忍不住打开了魔盒，结果所有的灾难、瘟疫和祸害都飞了出来，人类从此饱受各种折磨。智慧女神雅典娜比较同情人类，她偷偷地在魔盒的底部放入了一个拯救人类的美好礼物，叫作“希望”。

自从科技发展以后，特别是著名的科学家爱因斯坦发表了相对论后，人们了解了原子核的秘密。之后，人类也等于打开了一个潘多拉的魔盒。核能给人类带来了巨大的灾难：二战期间，美国为了督促日本投降，减少

盟军损失，在日本的广岛和长崎丢了两颗原子弹，让数十万日本人死于原子弹的威力之下，迫使日本无条件投降。现在，全世界的核武器加起来，能够把地球毁灭几十遍。

核能就是一个潘多拉的魔盒，它既给人类带来了灾难，同时也给人类带来了希望。现在人们对核能的和平利用，成为人类未来的希望。世界上很多国家都研究和平利用核能的技术，利用核能来进行发电。美国正在研究利用核动力的火箭，把人类送到火星上去。

生物提供的能源

如果真的有神的话，哪一位神是对人类最重要的？我认为是太阳神阿波罗。因为太阳对地球上的一切生物都是最重要的，如果没有太阳，地球上就不会有风霜雨雪，不会有四季变化，不会有绚丽多姿的大自然。地球上的生物都离不开太阳，连人类利用的各种能源，大部分也都离不开太阳。

地球上的生物会把太阳能以化学物质的形式贮存起来，这种能量非常巨大，仅地球上的植物每年的生产量就相当于目前人类消耗矿物能的20倍。在各种可再生能源中，生物质是贮存的太阳能，更是唯一的一种可再生的碳源，可转化成常规的固态、液态和气态燃料。

生物能具有这样一些优点：它可以提供低硫的燃料，减少酸雨的形

成，对环境的污染比较小；它造价低廉，经济适用，可以把有机物转化成燃料，减少环境公害。但同样也有这样一些缺点：植物仅能将少量的太阳能转化成有机物，有机能的利用率比较低。

利用生物能可以起到一举多得的效果，比如在农村推广沼气，既能够产生能量，又能减少环境污染；在城市里推广垃圾再利用技术，既能够产生经济效益，对环境也起到一定的保护作用；种植甘蔗、木薯、海草、玉米、甜菜、甜高粱等，既有利于食品工业的发展，植物残渣又可以制造酒精以代替石油。

延伸阅读

沼气的意思就是沼泽里的气体。人们经常能看到，在沼泽地、污水沟或粪池里，有气泡冒出来，如果我们划着火柴，可把它点燃，这就是自然界天然发生的沼气。沼气，是各种有机物质在隔绝空气（还原条件），并在适宜的温度、湿度下，经过微生物的发酵作用产生的一种可燃烧的气体。

地球内部的能源

科学家认为地球的内部有一个巨大炽热的地核。地球内部的温度可以高达7000摄氏度，即使距离地表80~100千米的深度，温度也高达650~1200摄氏度，这些热量会通过地下水的流动和熔岩涌至离地面1~5千米的地壳，热力得以被转送至较接近地面的地方。高温的熔岩将附近的地下水加热，这些被加热了的水最终会渗出地面，这就是地热。

人类利用地热的历史很长，最早的时候是利用温泉沐浴、医疗，利用地下热水取暖、建造农作物温室、水产养殖及烘干谷物等。这些对地热资源的利用属于比较低端阶段，而且只是

延伸阅读

火山的形成

在距离地面大约100~150千米处，有一个“液态区”，其温度之高足以熔化大部分岩石。岩石熔化时膨胀，需要更大的空间。这种物质沿着隆起造成的裂痕上升。熔岩库里的压力大于它上面的岩石顶盖的压力时，便向外迸发形成为一座火山。

个别现象。对地热资源进行大规模开发利用开始于20世纪中叶。

地热资源的蕴藏量非常巨大，但是它们非常分散，如何才能合理开发这种巨大的能源呢？意大利的皮耶罗·吉诺尼·康蒂王子在1904年研究了对地热的利用。在火山活动频繁或者地热资源丰富的地区，把水注入到炽热的岩层中，产生高温蒸汽，这些高温蒸汽推动涡轮机转动使发电机发电。利用过后的水蒸气经过冷凝器处理还原为水，再重新注入到岩层中，就这样循环往复，不断地发电。

火山和地热活动一般能够持续5000年~100万年，这么长的寿命，使地热源成为一种再生能源。相对于太阳能和风能的不稳定性，地热能是较为可靠的可再生能源，这让人们相信地热能可以作为煤炭、天然气和核能的最佳替代能源。

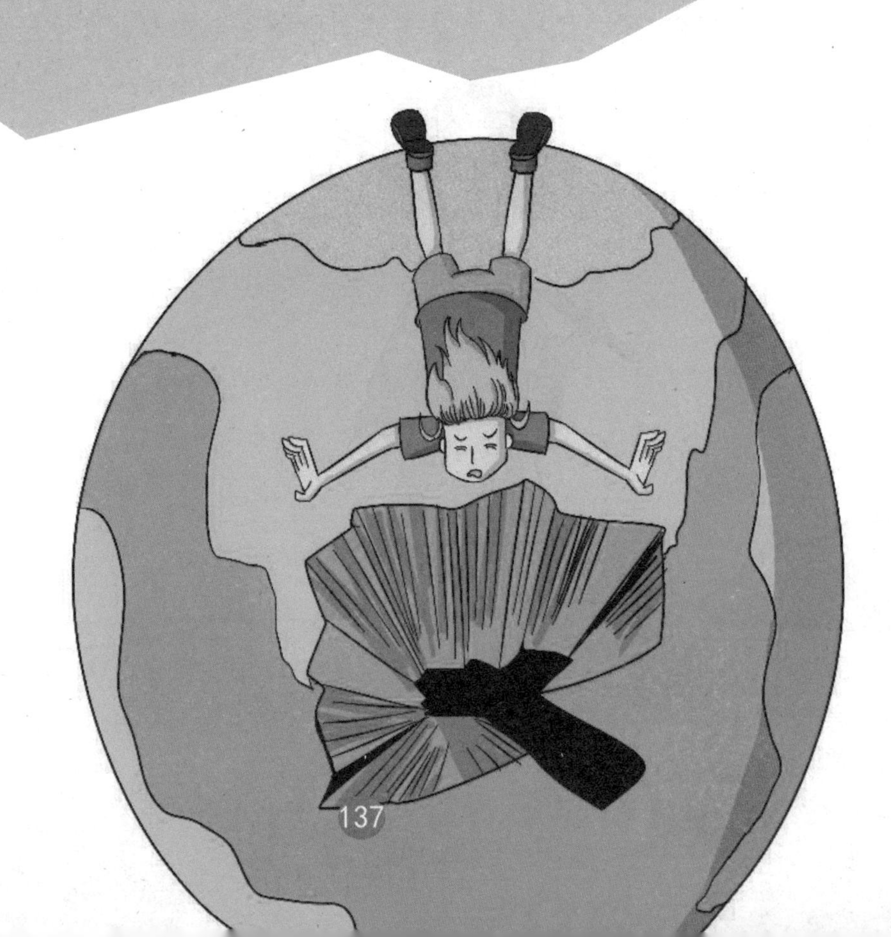

新科技带来的能源

在科幻电影中，我们可以看到这样一种武器——反物质炸弹，还有各种各样的反物质飞船。这些飞船和武器具有特别大的威力，它们的性能是常规能源的飞船所不能比拟的。一个试管那么大小的反物质就能够毁灭一座城市，比核武器的威力还要大得多。那么，什么是反物质？它为什么会具有这么大的能量呢？

反物质是一种假想的物质形式，在粒子物理学里，反物质是反粒子概念的延伸，反物质是由反粒子构成的。物质与反物质的结合，会如同粒子与反粒子结合一般，导致两者湮灭并释放出高能光子或伽马射线。2010年11月17日，欧洲研究人员在科学史上首次成功“抓住”反物质。2011年5月初，中国科学技术大学与美国科学家合作发现迄今最重反物质粒

子——反氦4。2011年6月5日，欧洲核子研究中心的科研人员宣布已成功抓取反氢原子超过16分钟。

反物质与我们的普通物质结合，就会释放出巨大的威力。在丹·布朗的小说《天使与魔鬼》里，恐怖分子企图从欧洲核子中心盗取0.25克反物质，进而炸毁整座梵蒂冈城。虽然反物质的能量如此巨大，但是在地球上很难见到反物质，反物质跟我们的普通物质就像是冰与火，一旦遇到就会一起消失或者转变为其他物质。

反物质具有巨大的能量，在未来技术足够发达了，人们也能够制备出一定量的反物质，但是制备反物质的时候，首先就得消耗巨大能量，所以反物质作为普通能源出现是不可能的，最大的可能是作为星际飞船的能源物质。

知识的复习与拓展

本章展示了很多种类的新能源，相信你一定有些眼花缭乱、目不暇接，也一定对新能源的概念有了大致的了解。新能源是我们未来科技、交通、生活、发展的希望，我们只有努力学习，将来才可能运用学到的知识来开发新能源的利用价值，更好地造福子孙。请回答下面三个问题：

1. 地球内部的温度最高可达到多少摄氏度？

2. 生物能具有哪些优点和缺点？

3. 核能为什么被称为“潘多拉的盒子”？

动物粪能替代汽油？

很早以前，新闻报道过在全球高油价的背景下，一帮美国人收集潲水油来炼柴油，成本比直接从加油站买可是便宜不少。现在，美国杜兰大学的科学家决定更近一步了，他们将目光对准了动物园食草动物的排泄物，要用这些东西来驱动汽车。

当然，我们不可能直接把牛屎马屎往油箱里面加，所以科学家们真正想做的还得绕一个弯：你知道，食草动物的粪便是很奇怪的，比如说牛粪，其成分主要是草料，燃点很低，一张报纸就能点燃，烧起来不但没有烟雾和臭气，还有股子青草香。这可让科学家们动了心，他们试图找出食草动物体内到底是哪种细菌参与了将草料转化为类似可燃物的过程，并打算将之转基因后用来变各种垃圾为汽车燃料。换句话说，以后开车大家都不用加油了，改加细菌。啥时没“油”了，停车在路边整点垃圾，装进“油箱”就能继续前进了！

你能收集太阳能吗?

下面我们来收集一下太阳能!

实验用具:两个干净的塑料袋,温度计一支。

实验步骤:

1. 在两个可以密封、干净的塑料袋中各倒入250毫升的水。
2. 测量并记录每个袋子中的水温,封好袋口。
3. 将其中的一只袋子放在阴暗的地方,另一只放在太阳光下。
4. 预测半个小时之后两个袋子中的水温是多少。
5. 用温度计实地测量一下最终的水温并记录下来。

思考并提出假设:

袋子里的水温是如何变化的? 如何解释这个结果呢?

●借论文

等等，同学。

借我看看你的
生物能论文。

妹妹还没给我
写好呢！

●声音太小

潮汐能就是利用海水引力
产生的能量来发电。
喂！不许睡觉！

我，我没有睡觉！

那你把我刚刚教你的知
识复述一遍！

你声音太小了，我没听清。
你再讲一遍吧！

核威胁

利用核能可以制造原子弹。

站住！

有钱我一定会先还你的，我还有事，先走了。

我最近在学核能，你小心点！

炸弹的威胁

给，这是还你的钱，一分不少。

好吧，这次总算还清了。

你别学核能，制造原子弹了。

他敢制造原子弹，我就先把他炸了！